市政工程专业人员岗位培训教材

试验员专业与实务

建设部 人事教育司 城市建设司 组织编写

中国建筑工业出版社

图书在版编目（CIP）数据

试验员专业与实务/建设部人事教育司 城市建设司组织编写.
北京：中国建筑工业出版社，2006
市政工程专业人员岗位培训教材
ISBN 978-7-112-08255-1

Ⅰ.试… Ⅱ.①建… ②城… Ⅲ.①市政工程—质量检验—技术培训—教材 ②市政工程—建筑材料—材料试验—技术培训—教材 Ⅳ.TU99

中国版本图书馆CIP数据核字（2006）第025595号

市政工程专业人员岗位培训教材
试验员专业与实务
建设部 人事教育司 城市建设司 组织编写

*

中国建筑工业出版社出版、发行（北京西郊百万庄）
各地新华书店、建筑书店经销
北京永峥印刷有限责任公司制版
北京建筑工业印刷厂印刷

*

开本：850×1168毫米 1/32 印张：7⅝ 字数：203千字
2006年5月第一版 2011年8月第三次印刷
定价：**21.00**元
ISBN 978-7-112-08255-1
（20922）

本书作为市政行业培训教材，是依据现行国家、市政行业、公路行业的标准规范编写而成的。总共分为五章，前四章简要介绍了试验人员应该掌握的基本理论知识，如计量单位的使用方法、数值修约、误差和测量不确定度、设备的校准与检定、比对和能力验证以及抽样方法等。第五章介绍了市政工程中常用的原材料、半成品以及施工过程质量检验的依据标准、检验频率、检验项目、技术指标和检验方法等内容。

本书适用于市政工程行业施工现场及试验室试验人员的培训和学习，对其他工程技术人员可以作为参考用书。

* * *

责任编辑：胡明安　田启铭　姚荣华

责任设计：赵明霞

责任校对：张景秋　张　虹

出 版 说 明

为了落实全国职业教育工作会议精神，促进市政行业的发展，广泛开展职业岗位培训，全面提升市政工程施工企业专业人员的素质，根据市政行业岗位和形势发展的需要，在原市政行业岗位“五大员”的基础上，经过广泛征求意见和调查研究，现确定为市政工程专业人员岗位为“七大员”。为保证市政专业人员岗位培训顺利进行，中国市政工程协会受建设部人事教育司、城市建设司的委托组织编写了本套市政工程专业人员岗位培训系列教材。

教材从专业人员岗位需要出发，既重视理论知识，更注重实际工作能力的培养，做到深入浅出、通俗易懂，是市政工程专业人员岗位培训必备教材。本套教材包括8本教材：其中1本是市政工程专业人员岗位培训教材《基础知识》属于公共课教材；另外7本分别是：《施工员专业与实务》、《材料员专业与实务》、《安全员专业与实务》、《质量检查员专业与实务》、《造价员专业与实务》、《资料员专业与实务》、《试验员专业与实务》。

由于时间紧，水平有限，本套教材在内容和选材上是否完全符合岗位需要，还望广大市政工程施工企业专业人员和教师提出意见，以便使本套教材日臻完善。

本套教材由中国建筑工业出版社出版发行。

中国市政工程协会

2006年1月

前　　言

本书作为市政行业培训教材，是依据现行国家、市政行业、公路行业的标准规范编写而成的。总共分为五章，前四章简要介绍了试验人员应该掌握的基本理论知识，如计量单位的使用方法、数值修约、误差和测量不确定度、设备的校准与检定、比对和能力验证以及抽样方法等。第五章介绍了市政工程中常用的原材料、半成品以及施工过程质量检验的依据标准、检验频率、检验项目、技术指标和检验方法等内容。

本书由济南市政工程质量监督站试验中心的庞京春任主编，组织一线检测人员编写。编写的分工如下：前四章及第五章第九、十六、十七节由庞京春编写；第五章第一、二十节由郑毅编写；第五章第二、二十节由薛丰收编写；第五章第三、十五节由刘娜梅编写；第五章第四、五、六、二十一节由衣艳荣编写；第五章第七、十八节由张淼编写；第五章第八、十、十三、十九节由刘希合编写；第五章第十一、十二、十四节由张凤涛编写。最后由济南市政工程质量监督站试验中心主任刘希海审定。

本书可作为市政工程行业施工现场及试验室试验人员的培训教材，对其他工程技术人员也可以作为参考使用。

限于作者水平和所掌握的现行标准的局限性，难免存在不足之处，恳请广大读者在使用过程中提出宝贵意见。

目　录

第一章 计量单位的组成和使用

第一节 法定计量单位的构成

国务院于1984年2月27日发布了“关于在我国统一实行法定计量单位的命令”，同时要求逐步废除国家非法定计量单位。

我国计量法明确规定，国家实行法定计量单位制度。计量法规定：“国家采用国际单位制。国际单位制计量单位和国家选定的其他计量单位，为国家法定计量单位。”

一、国际单位制计量单位

（一）国际单位制的来历

在人类历史上，计量单位是伴随着生产与交换的发生、发展而产生的。随着社会和科学技术的进步，要求计量单位稳定和统一，以维护正常的社会、经济和生产活动的秩序，于是逐渐形成了各个国家的古代计量制度。这些制度是根据各自的经验和习惯确定的，自然是千差万别、各行其是。有时在一个国家内，还有多种计量制度并存，这种状况阻碍着生产和贸易的发展及社会进步。

法国在1790年建议创立了一种新的、建立在科学基础上的计量制度，随后制定了“米制法”，通过对地球子午线长度的精密测量来确定最初的米原器。这一制度逐渐得到其他国家的认同，1875年17个国家在巴黎签署了“米制公约”，成立国际计量委员会（CIPM）并设立国际计量局（BIPM）。我国于1977年加入米制公约国组织。

随着科学技术的发展，在米制的基础上先后形成了多种单位制，又出现混乱局面。1960 年第 11 届国际计量大会（CGPM）总结了米制经验，将一种科学实用的单位制命名为“国际单位制”，并用符号 SI 表示。后经多次修订，现已形成了完整的体系。

国际单位制是在科技发展中产生的，也将随着科技的发展而不断完善。由于结构合理、科学简明、方便实用，适用于众多科技领域和各行各业，可实现世界范围内计量单位的统一，因而获得国际上广泛承认和接受，成为科技、经济、文教，卫生等各界的共同语言。

（二）国际单位制的构成

国际单位制由 SI 单位和 SI 单位的倍数单位构成。SI 单位又由 SI 基本单位和 SI 导出单位组成。SI 导出单位又由包括辅助单位在内的具有专门名称的导出单位和组合形式的导出单位组成。

1. SI 基本单位

SI 选择了长度、质量、时间、电流、热力学温度、物质的量和发光强度等七个基本量作为基本单位，并给基本单位规定了严格的定义。SI 各基本单位的定义如下：

（1）米

光在真空中于 1/299792458 秒的时间间隔内所经过的距离。

（2）千克（公斤）

质量单位，等于国际千克（公斤）原器的质量。

（3）秒

铯-133 原子基态的两个超精细能级之间跃迁所对应的辐射的 9192631770 个周转的持续时间。

（4）安［培］

一恒定电流，若保持在处于真空中相距 1m 的两无限长而圆截面可忽略的平行直导线内，则此两导线之间产生的力在每米长度上等于是 2×10^{-7} 牛顿。

（5）开［尔文］

水三相点热力学温度的1/273.16。

(6) 摩［尔］

一系统的物质的量，该系统中所包含的基本单元数与0.012千克碳-12的原子数目相等。在使用摩［尔］时应指明基本单元，可以是原子、分子、离子、电子及其他粒子，或是这些粒子的特定组合。

(7) 坎［德拉］

发射出频率为540×10^{12} Hz单色辐射的光源在给定方向上的发光强度，而且在此方向上的辐射强度为1/683W每球面度。

SI基本单位的名称和符号见表1-1。

国际单位制的基本单位 **表1-1**

量的名称	单位名称	单位符号
长度	米	m
质量	千克［公斤］	kg
时间	秒	s
电流	安［培］	A
热力学温度	开［尔文］	K
物质的量	摩［尔］	mol
发光强度	坎［德拉］	cd

2. SI导出单位

SI导出单位是由SI基本单位导出，并由SI基本单位以代数形式表示的单位。导出单位是组合形式的单位，它是由两个以上基本单位（或者以“1”作为单位）幂的乘积来表示。

为了读写和实际应用的方便，以及便于区分某些具有相同量纲和表达式的单位，在历史上出现了一些具有专门名称的导出单位。SI仅选用了19个，其专门名称可以合法使用。没有选用的，如电能单位“度”（即千瓦时），光亮度单位“尼特”（即坎德拉每平方米）等名称，就不能再使用了。

弧度和球面度是 SI 的两个辅助单位，它由长度单位导出，在某些领域（如光度学和辐射度学）有着重要的应用，是一个独立而具体的单位。这样，包括 SI 辅助单位在内的具有专门名称的导出单位一共有 21 个，这些导出单位列于表 1-2。由于人类健康安全防护上的需要而确定的具有专门名称的 SI 导出单位见表 1-3。

包括 SI 辅助单位在内的具有专门名称的 SI 导出单位　　表 1-2

量的名称	SI 导出单位		
	名称	符号	用 SI 基本单位和 SI 导出单位表示
［平面］角	弧度	rad	1rad = 1m/m = 1
立体角	球面度	sr	$1sr = 1m^2/m^2 = 1$
频率	赫［兹］	Hz	$1Hz = 1s^{-1}$
力	牛［顿］	N	$1N = 1kg \cdot m/s^2$
压力，压强，应力	帕［斯卡］	Pa	$1Pa = 1N/m^2$
能［量］，功，热量	焦［耳］	J	$1J = 1N \cdot m$
功率，辐［射能］通量	瓦［特］	W	1W = 1J/s
电荷［量］	库［仑］	C	$1C = 1A \cdot S$
电压，电动势，电位，（电势）	伏［特］	V	1V = 1W/A
电容	法［拉］	F	1F = 1C/V
电阻	欧［姆］	Ω	1Ω = 1V/A
电导	西［门子］	S	$1S = 1\Omega^{-1}$
磁通［量］	韦［伯］	Wb	$1Wb = 1V \cdot s$
磁能［量］密度，磁感应强度	特［斯拉］	T	$1T = 1Wb/m^2$
电感	亨［利］	H	1H = 1Wb/A
摄氏温度	摄氏度	℃	1℃ = 1K
光通量	流［明］	lm	$1lm = 1cd \cdot sr$
［光］照度	勒［克斯］	lx	$1lx = 1lm/m^2$

由于人类健康安全防护上的需要而确定的具有专门名称的SI导出单位

表 1-3

量的名称	SI导出单位		
	名　　称	符　　号	用SI基本单位和SI导出单位表示
[放射性] 活度	贝可 [勒尔]	Bq	$1Bq = 1s^{-1}$
吸收剂量 比授 [予] 能 比释动能	戈 [瑞]	Gy	1Gy = 1J/kg
剂量当量	希 [沃特]	Sv	1Sv = 1J/kg

3．SI单位的倍数单位

基本单位、具有专门名称的导出单位，以及直接由它们构成的组合形式的导出单位都称为SI单位，它们有主单位的含义。在实际使用时，量值的变化范围很宽，仅用SI单位来表示量值是很不方便的。为此，SI中规定了20个构成十进倍数和分数单位的词头。这些词头列于表1-4。这些词头不能单独使用，也不能重叠使用，它们用于与SI单位（kg除外）构成SI单位的十进倍数单位和十进分数单位。需要注意的是：相应于因数10^3（含10^3）以下的词头符号必须用小写正体，等于或大于因数10^6的词头符号必须用大写正体，从10^3至10^{-3}是十进位，其余是千进位。

SI单位加上SI词头后两者结合为一整体，称为SI单位的倍数单位。

用于构成十进倍数和分数单位的词头　　**表 1-4**

所表示的因数	词头名称	词头符号	所表示的因数	词头名称	词头符号
10^{24}	尧 [它]	Y	10^{15}	拍 [它]	P
10^{21}	泽 [它]	Z	10^{12}	太 [拉]	T
10^{18}	艾 [可萨]	E	10^{9}	吉 [咖]	G

续表

所表示的因数	词头名称	词头符号	所表示的因数	词头名称	词头符号
10^6	兆	M	10^{-6}	微	μ
10^3	千	k	10^{-9}	纳［诺］	n
10^2	百	h	10^{-12}	皮［可］	p
10^1	十	da	10^{-15}	飞［母托］	f
10^{-1}	分	d	10^{-18}	阿［托］	a
10^{-2}	厘	c	10^{-21}	仄［普托］	z
10^{-3}	毫	m	10^{-24}	幺［科托］	y

二、国家选定的其他计量单位

在日常生活和一些特殊领域，还有一些广泛使用的、重要的非 SI 单位不能废除，尚须继续使用。因此，我国选定了若干非 SI 单位与 SI 单位一起，作为国家的法定计量单位，它们具有同等的地位。国家选定的非国际单位制单位列于表 1-5。

国家选定的非国际单位制单位　　表 1-5

量的名称	单位名称	单位符号	换算关系和说明
时　间	分 ［小］时 天（日）	min h d	1min = 60s 1h = 60min = 3600s 1d = 24h = 86400s
平面角	［角］秒 ［角］分 度	(″) (′) (°)	1″ = （π/648000）rad（π 为圆周率） 1′ = 60″ = （π/10800）rad 1° = 60′ = （π/180）rad
旋转速度	转每分	r/min	1r/min = （1/60）s^{-1}
长　度	海　里	n mile	1n mile = 1852m（只用于航程）
速　度	节	kn	1kn = 1n mile/h = （1852/3600）m/s （只用于航行）

续表

量的名称	单位名称	单位符号	换算关系和说明
质　量	吨 原子质量单位	t u	$1t = 10^3 kg$ $1u \approx 1.660540 \times 10^{-27} kg$
体　积	升	L, (l)	$1L = 1dm^3 = 10^{-3} m^3$
能	电子伏	eV	$1eV \approx 1.602177 \times 10^{-19} J$
级差	分贝	dB	
线密度	特［克斯］	tex	$1tex = 1000\ m^2$
面　积	公　顷	hm^2	$1hm^2 = 10000\ m^2$（国际符号为 ha）

国际计量大会确定暂时保留与 SI 并用的单位还有 9 个，列于表 1-6。它们可能出现在国际标准或国际组织的出版物中，但是在我国则不得使用。在个别科学技术领域，如需要使用某些非法定计量单位（如天文学上的“光年”），则须与有关国际组织规定的名称、符号相一致。

我国没有选用的暂时保留与 SI 并用的单位　　表 1-6

单位名称	单位符号	用 SI 单位表示的值
埃	Å	$1Å = 0.1nm = 10^{-10} m$
公　亩	a	$1a = 1dam^2 = 10^2 m^2$
靶　恩	b	$1b = 100fm^2 = 10^{-28} m^2$
巴	bar	$1bar = 0.1MPa = 10^5 Pa$
伽	Gal	$1Gal = 1cm/s^2 = 10^{-2} m/s^2$
居　里	Ci	$1Ci = 3.7 \times 10^{10} Bq$
伦　琴	R	$1R = 2.58 \times 10^{-4} C/kg$
拉　德	rad	$1rad = 1cGy = 10^{-2} Gy$
雷　姆	rem	$1rem = 1cSv = 10^{-2} Sv$

第二节　法定计量单位的使用规则

一、法定计量单位名称

（一）计量单位的名称，一般是指它的中文名称，用于叙述性文字和口述中，不得用于公式、数据表、图、刻度盘等处。

（二）组合单位的名称与其符号表示的顺序一致，遇到除号时，读为“每”字，例如：m/s 的名称应为“米每秒”。书写时亦应如此，不能加任何图形和符号，不要与单位的中文符号相混。

（三）乘方形式的单位名称举例：m^6 的名称应为“六次方米”而不是“米六次方”。用长度单位米的二次方或三次方表示面积或体积时，其单位名称应为“平方米”或“立方米”，否则仍应为“二次方米”或“三次方米”。

$℃^{-1}$的名称为“每摄氏度”，而不是“负一次方摄氏度”。

s^{-1}名称应为“每秒”。

二、法定计量单位符号

（一）计量单位的符号分为单位符号（即国际通用符号）和单位的中文符号（即单位名称的简称），单位的中文符号便于在知识水平不高的场合下使用，一般推荐使用单位符号。十进制单位符号应置于数据之后。单位符号按其名称或简称读，不得按字母读音。

（二）单位符号一般用正体小写字母写，但是以人名命名的单位符号，第一个字母必须正体大写。“升”的符号“l”，可以用大写字母“L”。

（三）分子为 1 的组合单位的符号一般不用分子式，而用负数幂的形式。

（四）单位符号中，用斜线表示相除时，分子、分母的符号与斜线处于同一行内。分母中包含两个以上单位符号时，整个分母加圆括号。

（五）单位符号与中文符号不得混合使用。但是非物理量单位（如台、件、人等），可用汉字与符号构成组合形式单位，如台/s^{-1}；摄氏度的符号℃可作为中文符号使用，如 J/℃可写为焦/℃。

组合单位书写方式的举例，见表 1-7。

组合单位符号书写方式举例 **表 1-7**

单位名称	符号的正确书写方式	错误或不适当的书写形式
牛顿米	N·m，Nm 牛·米	N－m，mN 牛米，牛－米
米每秒	m/s，$m\cdot s^{-1}$	ms^{-1}，秒米，米秒$^{-1}$
每米	m^{-1}，米$^{-1}$	1/m，1/米

三、词头使用方法

（一）词头的名称紧接单位的名称，作为一个整体，其间不得插入其他词。例如：面积单位 km^2 的名称和含义是"平方千米"，而不是"千平方米"。

（二）仅通过相乘构成的组合单位在加词头时，词头应加在第一个单位之前。例如：力矩单位：kN·m，不宜写成 N·km。

（三）摄氏度和非十进制法定计量单位，不得用 SI 词头构成倍数和分数单位。它们参与构成组合单位时，不应放在最前面。例如：光量单位：lm·h，不应写为 h·lm。

（四）组合单位的符号中，某单位符号同时又是词头符号，则应尽量将它置于单位符号的右侧。例如：力矩单位 Nm，不宜写成 mN。温度单位 K 和时间单位 s 和 h，一般也在右侧。

（五）词头 h，da，d，c（即百、十、分、厘）一般只某些长度、面积、体积和早已习用的场合，例如 cm、dB 等。

（六）一般不在组合单位的分子分母中同时使用词头。例如：电场强度单位可用 MV/m，不宜用 kV/mm。词头加在分子的第一个单位符号前，例如：热容单位 J/K 的倍数单位 kJ/K，不应写为 J/mk。同一单位中一般不使用两个以上的词头，但分母中长度、面积和体积单位可以有词头，kg 也作为例外。

（七）选用词头时，一般应使量的数值处于 0.1/～1000 范围内。例如：1401Pa 可写成 1.401kPa。

（八）万（10^4）和亿（10^8）可放在单位符号之前作为数值使用，但不是词头。十、百、千、十万、百万、千万、十亿、百亿、千亿等中文词，不得放在单位符号前作数值用。例如："3 千秒$^{-1}$" 应读作 "三每千秒"，而不是 "三千每秒"；对 "三千每秒"，只能表示为 "3000 秒$^{-1}$"。

（九）计算时，为了方便，建议所有量均用 SI 单位表示，词头用 10 的幂代替。这样，所得结果的单位仍为 SI 单位。

第二章　统计技术和抽样技术

第一节　统 计 技 术

一、随机变量的基本概念

（一）事件和随机事件

观测或试验的一种结果，称为一个事件。例如：明天的天气是晴天、阴天还是雨天，这三种可能性中的每一种都称为事件。又如：测量钢筋的直径所得的结果为7.92mm，7.92mm，7.98mm，…，这里每个可能出现的测量结果都称为事件。与测量结果相联系的不确定度是事件；若灰土的压实度的真值已知，则相应的每一次试验的误差也称为事件。

在客观世界中，可以把事件大致分为确定性和不确定性两类。用手往天上扔一个苹果，苹果必然会落到地面；纯水在标准大气压下加热到100℃时必然沸腾等，均属确定性事件。扔一枚硬币的结果可能正面朝上、也可能反面朝上，射箭的结果可能射中靶心、也可能射不中等，均属不确定性事件。

确定性事件有着内在的规律，这一点比较容易看到和处理。而对于不确定性事件，虽然就每一次试验的结果是无法确定的，但在大量重复试验下却呈现某种规律性。例如：多次重复抛掷一枚硬币，会发现正面朝上与反面朝上的次数大致各占一半。概率论和数理统计就是从两个不同侧面，来研究这类不确定性事件的规律性。在概率统计中，把客观世界可能出现的事件区分为最典型的三种情况：

1. 必然事件。在一定条件下必然出现的事件，例如人员数量为非负值，是必然事件。

2. 不可能事件。在一定条件下不可能出现的事件，例如一个人的体重为零或负值，都是不可能事件。

3. 随机事件。在一定条件下可能出现也可能不出现的事件，例如在路口碰到红灯、绿灯或黄灯，就是一个随机事件。因为无法确定会遇到哪种情况。

（二）随机变量

如果某一量在一定条件下，取某一值或在某一范围内取值是一个随机事件，则这样的量叫作随机变量。

随机变量不同于其他变量，特点是以一定的概率在一定的区间上取值或取某一个固定值。例如：在路口遇到红灯、绿灯、黄灯的概率分别为0.4、0.3、0.3；C25的混凝土试块的强度分布在大于等于25MPa的概率为95%等。

随机变量根据其取值的特征可以分为两种：

1. 连续型随机变量即随机变量可在某一区间内取任一数值。例如：道路的桩号 X 可在 K0+000~K1+100 内连续取值，则 X 就是一个连续型随机变量。

2. 离散型随机变量即随机变量的取值只能是 x_1，x_2，$\cdots x_n$，而且以各种确定的概率取这些不同的值。例如：到一个地方找一个人，只会发生找到与找不到两种结果。假定找到为1，找不到为0，则找人的结果这个随机变量就只能取1和0这两个值，所以这个变量就属于离散型随机变量。

（三）事件的概率

随机事件的特点是：在一次观测或试验中，它可能出现、也可能不出现，但是在大量重复的观测或试验中呈现统计规律性。例如：在连续 n 次独立试验中，事件 A 发生了 m 次，m 称为事件的频数，m/n 则称为事件的相对频数或频率。当 n 极大时，频率 m/n 稳定地趋于某一个常数 p，此常数 p 称为事件 A 发生的概率，记为 $P(A)=P$。概率 P 是用以度量随机事件 A 出现的可能性大小的数值。必然事件的概率为1，不可能事件的概率为0，随机事件的概率 $P(A)$ 为 $0 \leq P(A) \leq 1$。所以，必然事件和不可能事件是随机事件的两种极端情况。概率可以通过运算得到。

（四）分布函数

随机变量的特点是以一定的概率取值，但并不是所有的观测或试验都能以一定的概率取某一个固定值。有的随机变量的概率分布可以用一个函数表达出来，这个函数就称为随机变量的分布函数。

二、随机变量的数字特征

利用分布函数或分布密度函数可以确定一个随机变量。但在实际问题中求分布函数或分布密度函数不仅十分困难，而且常常没有必要。例如：测量钢筋的直径得到了一系列的观测值，人们往往只需要知道钢筋直径这个随机变量的一些特征量就够了，诸如直径的平均值及测量标准差（观测值的分散程度）。用一些数字来描述随机变量的主要特征，显然十分方便、直观、实用，在概率论和数理统计中就称它们为随机变量的数字特征。这些特征量有数学期望、方差等。

（一）数学期望

随机变量 X 的数学期望值表示随机变量本身的大小，说明 X 的取值中心或在数轴上的位置，也称期望值。数学期望表征随机变量分布的中心位置，随机变量围绕着数学期望取值。数学期望值即为若干个测量结果或一系列观测值的算术平均值。也就是说数学期望值是一个平均的大约数值，随机变量的所有可能值围绕着它而变化。

1. 离散型随机变量的数学期望

设某试验室有 M 台试验机，它们不可能同时工作，为了精确估计试验室的电力负荷，需要知道同时工作着的机器的台数。为此作了 N 次观察，记下各独立事件（所有试验机都不工作，有1台工作，有2台工作，……，M 台都工作）的出现次数分别为 m_0，m_1，m_M。显然，$m_0+m_1+\ldots+m_M=N$，则该车间同时工作的机床的平均数 $\overline{n}$ 为式（2-1）。

$$\overline{n}=\frac{1}{N}\sum_{i=1}^{M}x_i m_i=\sum_{i=1}^{M}x_i\frac{m_i}{N}=\sum_{i=1}^{M}x_i w_i \qquad (2\text{-}1)$$

式中　w_i 表示 x_i 台机床同时工作的频率。

当 N 很大，频率 w_i 趋于稳定而等于频率 P_i，故有式（2-2）。

$$\overline{n}=\sum_{i=1}^{M}x_i P_i \qquad (2\text{-}2)$$

由上所述，本例中同时工作的试验机数 X 是一个随机变量，其可能值为 x_i（$i=1\sim n$，本例中 $x_1=0$，$x_2=1$，…，$x_n=M$），相应的概率为 P_i（$i=1\sim n$），则其平均值 $\sum\limits_{i=1}^{M}x_i P_i$ 即称为随机变量的数学期望的估算值。它的一般形式为 $u_x=E(X)=\sum\limits_{i=1}^{\infty}x_i P_i$，而级数 $\sum\limits_{i=1}^{\infty}x_i P_i$ 应绝对收敛。

2. 连续型随机变量的数学期望

设连续型随机变量 X 的分布密度函数为 $f(x)$，且 $\int_{-\infty}^{+\infty}|x|f(x)\mathrm{d}x$ 收敛，根据类似的定义，则 X 的数学期望为式（2-3）。

$$u_x=E(X)=\int_{-\infty}^{+\infty}x\mathrm{d}F(x) \qquad (2\text{-}3)$$

式中　$f(x)\mathrm{d}x$ 表示随机变量 X 在任意一点 x 取值的概率。

对于任意一个具有分布函数 $F(x)$ 的随机变量 X 而言，则有式（2-4）。

$$u_x=E(X)=\int_{-\infty}^{+\infty}x\mathrm{d}F(x) \qquad (2\text{-}4)$$

因此，数学期望是平均值这一概念在随机变量上的推广，它不是简单的算术平均值，而是以概率为权的加权平均值。

（二）方差

只用数学期望还不能充分描述一个随机变量。例如：对于测量而言，数学期望可用来表示被测量本身的大小，但是关于测量的可信程度或品质高低（比如各个测得值对数学期望的分散程度），就要用另一个特征量——方差来表示。下面以两种方法对某一量进行测量所得的测量结果为例，看一下哪种方法更为可信或品质更高。

按方法Ⅰ所得的测量结果 **表 2-1**

测量值	18	19	20	21	22	偏差绝对值	0	1	2
概　率	0.1	0.15	0.5	0.15	0.1	概　率	0.5	0.3	0.2

按方法Ⅱ所得的测量结果 **表 2-2**

测量值	18	19	20	21	22	偏差绝对值	0	1	2
概　率	0.13	0.17	0.4	0.17	0.13	概　率	0.4	0.34	0.26

我们比较两个表中的偏差绝对值及概率，很容易看出在没有系统效应情况下，按方法Ⅰ所得的测量结果的精度（表 2-1）比按方法Ⅱ所得的测量结果的精度（表 2-2）要高。同时，也可以看出它们的数学期望却是相等的，均为：

$$E(X) = \sum_{i=1}^{5} x_i P_i = 20.0$$

这就意味着还需要用另一个数字特征量，即用方差来进一步描述随机变量的分散性或离散性，方差定义为：随机变量 X 的每一个可能值对其数学期望 $E(X)$ 的偏差的平方的数学期望。它描述了随机变量 X 对数学期望 $E(X)$ 的分散程度，可表示为式（2-5）。

$$D_x = D(X) = E[(X - E(X))^2] \tag{2-5}$$

1. 离散型随机变量的方差可表示为式（2-6）。

$$D_x = D(X) = \sum_{i=1}^{\infty} (x_i - u_x)^2 P_i \tag{2-6}$$

对于上述的测量实例，由表中的数据可以算出方差为

按测量方法Ⅰ $D_1(X)=\sum_{i=1}^{5}(x_i-u_x)^2P_i=1.10$

按测量方法Ⅱ $D_2(X)=\sum_{i=1}^{5}(x_i-u_x)^2P_i=1.38$

由此可知，若方差小，各测得值对其均值的分散程度就小，则在不考虑系统效应情况下其测量品质高，或更为可信、有效。

2. 连续型随机变量的方差可表示为式（2-7)。

$$D(X)=\int_{-\infty}^{+\infty}(x_i-u_x)^2f(x)\mathrm{d}x \tag{2-7}$$

方差$D(X)$的量纲是随机变量 X 量纲的平方。为了更为实用和易于理解起见，最好用与随机变量同量纲的量来说明或表述分散性，故将方差开方取正值得到如式（2-8）所示。

$$\sigma_x=\sqrt{D(X)} \tag{2-8}$$

式中 σ_x 可简记为 σ，称为测量列的标准差，亦称标准偏差或均方根偏差。

三、两种常见随机变量的概率分布及其数字特征

（一）均匀分布

被测量 X 服从均匀分布（矩形分布），试求其数学期望值，方差及标准差 σ。

现设其概率分布密度为$f(x)$，它在 $-a$ 至 $+a$ 区间内为一常数，令其为 K，则

$$y=f(x)=K$$

被测量落在 $-a$ 至 $+a$ 区间内的概率应为 1，故有

$$\int_{-a}^{+a}f(x)\mathrm{d}x=\int_{-a}^{+a}K\mathrm{d}x=1$$

即得 $K=\frac{1}{2a}$，因此概率分布函数可表示为式（2-9)。

$$y=f(x)=\frac{1}{2a} \tag{2-9}$$

均匀分布的期望值可表示为式（2-10）。

$$u_x = \int_{-a}^{+a} x f(x) \mathrm{d}x = \frac{1}{2a}\int_{-a}^{+a} x \mathrm{d}x = 0 \qquad (2\text{-}10)$$

被测量的方差（注意到 $u_x = 0$）

$$D_x = \int_{-a}^{+a} (x - ux)^2 f(x) \mathrm{d}x = \int_{-a}^{+a} x^2 f(x) \mathrm{d}x = \frac{1}{2a}\int_{-a}^{+a} x^2 \mathrm{d}x = \frac{a^2}{3}$$

所以均匀分布的标准差可表示为式（2-11）。

$$\sigma = \sqrt{D_x} = \frac{a}{\sqrt{3}} \qquad (2\text{-}11)$$

上式即为被测量服从均匀分布时，其标准差与分散区间半宽之间的关系式。

在某一区间［-a，a］内，被测量值以等概率落入，而落于该区间外的概率为零，则称被测量值服从均匀分布，通常记作 U［-a，a］。服从均匀分布的测量有：

1. 数据切尾引起的舍入不确定度；
2. 电子计数器的量化不确定度；
3. 摩擦引起的不确定度；
4. 数字示值的分辨力；
5. 仪器度盘与齿轮回差引起的不确定度；
6. 平衡指示器调零引起的不确定度。

（二）正态分布

正态分布的概率分布密度函数可表示为式（2-12）。

$$f(x) = \frac{1}{\sigma\sqrt{2\pi}} \exp\left[-\frac{1}{2}\left(\frac{x-\mu}{\sigma}\right)^2\right] \quad (-\infty < x < +\infty) \qquad (2\text{-}12)$$

根据连续型随机变量数学期望和方差的定义，可以算得（通过简单的积分）：被测量的期望值 μ_x 恰为概率分布密度函数中的参数 μ，而被测量的方差 D_x 恰为概率分布密度函数中的 σ^2，或标准差即为 σ。这是正态分布的重要特点。

对于均值为 μ、标准差为 σ 的正态分布，通常记之以 N

(μ，σ^2)。对于均值为零、标准差为 σ 的标准正态分布，则记之以 N（0，σ^2）。对于均值为 0、标准差为 1 的正态分布，$X \sim N$（0，1）称为标准正态分布。

正态分布曲线有如下四个特点：

1. 单峰性，即曲线在均值处具有极大值；

2. 对称性，即曲线有一对称轴，轴的左右两侧曲线是对称的；

3. 有一水平渐近线，即曲线两头将无限接近于横轴；

4. 在对称轴左右两边轴线上离对称轴等 σ 的某处，各有一个拐点。

把从经验中得出的直方图上升为理论，找到具有上面四个特点的曲线，且曲线下面的面积是 1，该曲线在数学上可以由式（2-13）所示的函数表达出来。

$$y = f(x) = \frac{1}{\sigma\sqrt{2\pi}} e^{-\frac{(x-\mu)^2}{2\sigma^2}} \tag{2-13}$$

上式称为正态分布的概率分布密度函数，所表示的曲线称为正态分布曲线。

在概率论中，X 落在下述区间内的概率特别有用：

P（$\mu - \sigma \leqslant X \leqslant \mu + \sigma$）$= 0.6826$

P（$\mu - 2\sigma \leqslant X \leqslant \mu + 2\sigma$）$= 0.9545$

P（$\mu - 3\sigma \leqslant X \leqslant \mu + 3\sigma$）$= 0.9976$

第二节　抽 样 技 术

一、全数检查和抽样检查

检查批量生产的产品一般有两种方法，即全数检查和抽样检查。全数检查是对全部产品逐个进行检查，区分合格品和不合格品，进行返修或报废。如在检查铸铁井盖的外观时，标准规定应逐个检查，实际上就是这一个项目的全数检查。

抽样检查的对象称为总体，多数情况是对批的检查。即从批中抽取规定数量的产品作为样本进行检查，再根据所得到的质量数据和预先确定的判定规则来判定该“检查批”是否合格。在市政工程中的检查，绝大多数属于抽样检查的范畴，例如，对各种原材料、半成品及完工后的工程质量的检查。

抽样检查时，对判为合格的批予以接收，对判为不合格的批则要求整修或返工处理。

鉴于批内单位产品质量的波动性和样本抽取的偶然性，抽样检查的错判往往是不可避免的。因此供方和需方都要承担风险，这是抽样检查的缺陷。与全数检查相比，其明显的优势是经济性，因为它只从批中抽取少量产品，只要合格设计抽样方案，就可以将抽样检查的错判风险控制在可接受范围内。

抽样检查方法是建立在概率统计基础上，主要以假设检验为其理论依据。抽样检查所研究的问题包括三个方面：一是如何从批中抽取样品；二是从批中抽取多少个单位产品；三是如何根据样本的质量数据来判定批是否合格。

二、抽样检查的基本概念

（一）单位产品、批和样本

1. 单位产品是为实施抽样检查的需要而划分的基本单位。它有时可以自然划分，例如：一块砖、一台试验机可以作为一个单位产品。有些则不可能自然划分，而根据抽样检查的需要划分，例如：连续生产的混凝土，可以一车、一方作为单位。对液态产品（如液体外加剂）和散状产品（如砂、石），则可按包装单位划分，例如：一瓶外加剂、一袋砂等。有时对一件件生产出来的小型产品，也可按包装单位划分，例如：一盒药品。但对大多数的产品相关专业标准对抽样检查都进行了明确的规定。

2. 为实施抽样检查汇集起来的单位产品，称为检查批或批。它是抽样检查和判定的对象。在实际工作中，铺筑的一个沥青混凝土路段、一批同规格同型号的钢筋都可以作为一个验收批。

3. 从批中取出用于检查的单位产品，称为样本单位，有时也称为样品。样本单位的全体，称为样本。例如在一批300个钢筋对焊接头中抽取三个抗拉试件和三个冷弯试件进行检验，这抽取的每一个试件是一个样品，所有的六个试件组成一个样本。

（二）单位产品的质量及其特性

1. 单位产品的质量是以其质量性质特性表示的，简单产品可能只有一项特性，大多数产品具有多项特性。质量特性可分为计量值和计数值两类，计数值又可分为计点值和计件值。

计量值在数轴上是连续分布的，用连续的量值来表示产品的质量特性，例如：混凝土试块的强度、钢筋的力学性能、石灰的有效成分含量等。

当单位产品的质量特性是用某类缺陷的个数度量时，即称为计点的表示方法，例如：一块红砖上的石灰爆裂点数、管材上的气泡数等。某些质量特性不能定量地度量，而只能简单地分成合格和不合格，或者分成若干等级，这时就称为计件的表示方法，例如：检查井盖的外观检查。

2. 在产品的技术标准或技术合同中，通常都要规定对质量的判定标准。对于用计量值表示的质量特性，可以用明确的量值作为判定标准，例如：规定上限或下限，也可以同时规定上、下限。对于用计点值表示的质量特性，也可以对缺陷数规定一个界限。至于缺陷本身的判定，除了靠经验外，也可以规定判定标准，如对红砖石灰爆裂合格与否的判定。对于用计件值表示的质量特性，则不能用一个明确的量值作为标准，而是直接判定该项是否合格，例如：与参考物质、标准样品、标准照片等进行对比，有的则只能根据文字描述，靠检查人员的经验判断。

3. 在产品质量检验中，通常先按技术标准对有关项目进行检查，然后对各项质量特性按标准进行判定，最后再对单位产品的质量作出判定。这里涉及“不合格”和“不合格样品”两个概念；前者是对质量特性的判定，后者是对单位产品的判定。单位产品的质量特性不符合规定，即为不合格。在判定质量特性的基础上，可以对单位产品的质量等级进行判定。

确定单位产品是合格品还是不合格品的检查，称为“计件检查”。只计算不合格数，不必确定单位产品是否合格品的检查，称为“计点检查”。两者统称为“计数检查”。用计量值表示的质量特性，在不符合规定时也判为不合格，因此也可用计数检查的方法。

（三）批的质量

抽样检查的目的是判定批的质量，而批的质量是根据其所含的单位产品的质量统计出来的。在很多的检验或者评定标准中对批合格与否的判定都进行了明确的规定。例如《硅酸盐水泥、普通硅酸盐水泥》（GB175—1999）就规定当氧化镁、三氧化硫、初凝时间和安定性检验不符合标准要求时，将该批水泥判定为废品。

（四）样本的质量

样本的质量是根据各样本单位的质量统计出来的，而样本单位又是从批中抽取的，因此表示和判定样本的质量的方法，与单位产品是相似的。

对于计件检查，当样本大小一定时，可用样本的不合格品数即样本中所含的不合格品数表示。对不同类的不合格品应予以分别计算。

对于计点检查，当样本大小一定时，可用样本的不合格数即样本中所含的不合格数表示。对不同类的不合格应予以分别计算。

对于计量检查，则可以用样本的单个值、平均值或标准差表示。

三、验收抽样

目前抽样检查的理论研究和实际应用，以及通行的国际标准和国外先进标准大多是针对验收检查的场合。验收检查是指需方

（即第二方）对供方（即第一方）提供的检查批进行抽样检查，以判定该批是否符合规定的要求，并决定对该批是接收还是拒收。验收检查也可以委托独立于供需双方的第三方进行。

四、抽样方法简介

从检查批中抽取样本的方法称为抽样方法。抽样方法应具有代表性和随机性。在对总体质量状况一无所知的情况下，抽样应当是完全随机的，这时采用简单随机抽样最为合理。在对总体质量构成有所了解的情况下，可以分层随机抽样或系统随机抽样来提高抽样的代表性。在采用简单随机抽样困难的情况下，可以采用代表性和随机性较差的分段随机抽样或整群随机抽样。这些抽样方法除简单随机抽样外，都是带有主观限制条件的随机抽样法。通常只要不是有意识地抽取质量好或坏的产品，尽量从批的各部分抽样，都可以近似地认为是随机抽样。

（一）简单随机抽样

根据（GB10111—1988）《利用随机数骰子进行随机抽样的方法》规定，简单随机抽样是指“从含有 N 个个体的总体中抽取 n 个个体，使包含有 n 个个体所有可能的组合被抽取的可能性都相等”。显然，采用简单随机抽样法时，批中的每一个单位产品被抽入样本的机会均等，它是完全不带主观限制条件的随机抽样法。操作时可将批内的每一个单位产品按 1 到 N 的顺序编号，根据获得的随机数抽取相应编号的单位产品，随机数可按国标用掷骰子，或者抽签、查随机数表等方法获得。

（二）分层随机抽样

如果一个批是由质量明显差异的几个部分所组成，则可将其分为若干层，使层内的质量较为均匀，而层间的差异较为明显。从各层中按一定的比例随机抽样，即称为分层按比例抽样。在正确分层的前提下，分层抽样的代表性比简单随机抽样好；但是，如果对批质量的分布不了解或者分层不正确，则分层抽样的效果可能会适得其反。

（三）系统随机抽样

如果一个批的产品可按一定的顺序排列，并可将其分为数量相当的几个部分，此时，从每个部分按简单随机方法确定的相同位置，各抽取一个单位产品构成一个样本，这种抽样方法即称为系统随机抽样。它的代表性在一般情况下比简单随机抽样要好些；但在产品质量波动周期与抽样间隔正好相当时，抽到的样本单位可能都是质量好的或都是质量差的产品，显然此时代表性较差。

（四）分段随机抽样

如果先将一定数量的单位产品包装在一起，再将若干个包装单位组成批时，为了便于抽样，此时可采用分段随机抽样的方法：第一段抽样以箱作为基本单元，先随机抽出 k 箱；第二段再从抽到 k 个箱中分别抽取 m 个产品，集中在一起构成一个样本，k 与 m 的大小必须满足 $k \times m = n$。分段随机抽样的代表性和随机性，都比简单随机抽样要差些。

（五）整群随机抽样

如果在分段随机抽样的第一段，将抽到的 k 组产品中的所有产品都作为样本单位，此时即称为整群随机抽样。实际上，它可以看作是分段随机抽样的特殊情况，显然这种抽样的随机性和代表性都是较差的。

第三章　数据处理、测量误差及不确定度

第一节　数 据 处 理

一、有效数字

（一）（末）的概念

所谓（末），指的是任何一个数最末一位数字所对应的单位量值。例如：用分度值为 1mm 的钢卷尺测量某物体的长度，测量结果为 20.4mm，最末一位的量值 0.4mm，即为最末一位数字 4 与其所对应的单位量值 0.1mm 的乘积，故 20.4mm 的（末）为 0.1mm。

（二）有效数字的概念

人们在日常生活中接触到的数，有准确数和近似数。对于任何数，包括无限不循环小数和循环小数，截取一定位数后所得的即是近似数。同样，根据误差公理，测量总是存在误差，测量结果只能是一个接近于真值的估计值，其数字也是近似数。

例如：将无限不循环小数 $\pi = 3.14159\cdots\cdots$ 截取到百分位，可得到近似数 3.14，则此时引起的误差绝对值为

$$|3.14 - 3.14159\cdots\cdots| = 0.00159\cdots\cdots$$

近似数 3.14 的（末）为 0.01，因此 0.5（末）$= 0.5 \times 0.01 = 0.005$，而 $0.00159\cdots\cdots < 0.005$，故近似数 3.14 的误差绝对值小于 0.5（末）。

由此可以得出关于近似数有效数字的概念：当该近似数的绝对

误差的模小于0.5（末）时，从左边的第一个非零数字算起，直到最末一位数字为止的所有数字。根据这个概念，3.14有3位有效数字。

测量结果的数字，其有效位数代表结果的不确定度。例如：某长度测量值为12.3mm，有效位数为3位；若是12.30mm，有效位数为4位。它的绝对误差的模分别小于0.5（末），即分别小于0.05mm和0.005mm。

显而易见，有效位数不同，它们的测量不确定度也不同，测量结果25.80mm比25.8mm的不确定度要小。同时，数字右边的“0”不能随意取舍，因为这些“0”都是有效数字。

二、近似数运算

（一）加、减运算

如果参与运算的数不超过10个，运算时以各数中（末）最大的数为准，其余的数均比它多保留一位，多余位数按数值修约的规定取舍。计算结果的（末），应与参与运算的数中（末）最大的那个数相同。若计算结果尚需参与下一步运算，则可多保留一位。

例如：

$$28.3\Omega + 1.5546\Omega + 4.876\Omega \rightarrow$$

$$28.3\Omega + 1.55\Omega + 4.88\Omega = 34.73 \approx 34.7\Omega$$

计算结果为34.7Ω。若尚需参与下一步运算，则取34.73Ω。

（二）乘、除（或乘方、开方）运算

在进行数的乘除运算时，以有效数字位数最少的那个数为准，其余的数的有效数字均比它多保留一位。运算结果（积或商）的有效数字位数，应与参与运算的数中有效数字位数最少的那个数相同。若计算结果尚需参与下一步运算，则有效数字可多取一位。

例如：

$$1.1\text{m} \times 0.3268\text{m} \times 0.10300\text{m} \rightarrow$$

$$1.1\text{m} \times 0.327\text{m} \times 0.103 = 0.0370\text{m}^3 \approx 0.037\text{m}^3$$

计算结果为0.037m^3。若需参与下一步运算，则取0.0370m^3。

乘方、开方的运算方法雷同。

三、数据修约

(一) 数据修约的基本概念

对某一拟修约数，根据保留数位的要求，将其多余位数的数字进行取舍，按照一定的规则，选取一个其值为修约间隔整数倍的数（称为修约数）来代替拟修约数，这一过程称为数据修约。

修约间隔又称为修约区间或化整间隔，它是确定修约保留位数的一种方式。修约间隔一般以 $k \times 10^{n}$（$k = 1$，2，5；n 为正、负整数）的形式表示。经常将同一 k 值的修约间隔，简称为"k"间隔。

修约间隔一经确定，修约数只能是修约间隔的整数倍。例如：指定修约间隔为 0.1，修约数应在 0.1 的整数倍的数中选取；若修约间隔为 2×10^{n}，修约数的末位只能是 0，2，4，6，8 等数字；若修约间隔为 5×10^{n}，则修约数的末位数字必然不是"0"就是"5"。

当对某一拟修约数进行修约时，需确定修约数位，其表达形式有以下几种：

(1) 指明具体的修约间隔；

(2) 将拟修约数修约至某数位

(3) 指明按"k"间隔将拟修约数修约到某数位。

(二) 数据修约规则

我国的国家标准《数值修约规则》(GB8170—1987)，对"1"、"2"、"5"间隔的修约方法分别做了规定。

1. 对整单位数值的修约规定如下：

(1) 拟舍弃数字的最左一位数字小于 5 时，则舍去，即保留的各位数字不变。

例如：将 12.4236 修约到一位小数，结果为 12.4。

(2) 拟舍弃数字的最左一位数字大于 5，或是 5，而其后跟有并非全部为零的数字时，则进 1，即保留的末位数字加 1。

例如：将 1365 修约到百位，结果为 14×10^{2}。

例如：将 12.35004 修约到三位有效数字，结果为 12.4。

(3) 拟舍弃数字的最左一位数字是 5，而右边无数字或皆为零时，若所保留的末位数字为奇数则进 1，为偶数则舍弃。

例如：将 12.3500 修约到三位有效数字，结果为 12.4。

例如：将 12.4500 修约到三位有效数字，结果为 12.4。

(4) 负数修约时，先将它的绝对值按上述步骤修约，最后在修约值前加负号即可。

2. 对 0.5 单位修约规定：将拟修约数值乘以 2，按指定数位进行数值修约，所得值除以 2 即可得到。

例如：将 12.48 修约到十分位的 0.5 单位。

12.48 × 2→24.96→25.0→12.5，结果为 12.5。

3. 对 0.2 单位修约规定：将拟修约数值乘以 5，按指定数位进行数值修约，所得值除以 5 即可得到。

例如：将 1245 修约到百数位的 0.2 单位。

1245 × 5→6225→6200→1240，结果为 1240。

需要指出的是：数据修约导致的不确定度呈均匀分布，约为修约间隔的 1/2。在进行修约时应注意：不要多次连续修约（例如：24.51 →24.5 → 24），应在确定修约位数后一次修约获得结果。

第二节　测　量　误　差

一、测量误差

测量结果减去被测量的真值所得的差，称为测量误差，简称误差。

以公式可表示为：

$$测量误差 = 测量结果 - 真值 \quad (3\text{-}1)$$

测量结果是由测量得到的被测量物体的值，是对被测量物体的某一特性的值的近似或估计，它不仅与量本身有关，而且与测量程序、测量仪器、测量环境以及测量人员等有关。真值反映了人们力求接近的理想目标或客观真理，本质上是不能确定的，量子效应排除了惟一真值的存在，实际上用的是约定真值，须以测量不确定度来表征其所处的范围。因而，作为测量结果与真值之差的测量误差，也是无法准确得到或确切获知的。

误差与测量结果有关，即不同的测量结果有不同的误差。一个测量结果的误差，可以是正值（正误差），也可以是负值（负误差），也可为零，它取决于这个结果是大于、小于还是等于真值。

由于误差的存在使测得值与真值不能重合，测得值一般呈正态分布。正态分布的均值在数轴上的位置决定了系统误差的大小，曲线的形状决定了随机误差的分布范围及其在范围内取值的概率。误差和测量值的概率分布密切相关，误差可以用概率论和数理统计的方法来处理。

误差可分为系统误差和随机误差。一个测量值的误差为系统误差和随机误差的代数和。

当有必要与相对误差相区别时，测量误差有时称为测量的绝对误差。注意不要与误差的绝对值相混淆，后者为误差的模。

二、相对误差

测量误差除以被测量物体的真值所得的商，称为相对误差。

相对误差表示绝对误差所占约定真值的百分比。

当被测量值大小相近时，通常用绝对误差进行测量水平的比较。当被测量值相差较大时，用相对误差才能进行有效的比较。例如：测量长度标称值为 1.2mm 的 A 棒长度时，得到实际值为 1.0mm，其示值误差为 0.2mm；而测量长度标称值为 10.2mm 的 B 棒长度时，得到实际值为 10.0mm，其示值误差也为 0.2mm。它们的绝对误差虽然相同，但 B 棒的长度是 A 棒的 10 倍左右，显然要比较或反映两者不同的测量水平，还须用相对误差的概念。从而得出 B 棒比 A 棒测得准确。

相对误差只是一个比值，属于一个无量纲的量。

三、随机误差

测量结果与在重复性条件下对同一被测量进行无限多次测量所得结果的平均值之差，称为随机误差。

重复性条件是指在尽量相同的条件下，包括测量程序、人员、仪器、环境等，以及尽量短的时间间隔内完成重复测量任务。这里的“短时间”可理解为保证测量条件相同或保持不变的时间段，它主要取决于人员的素质、仪器的性能以及对各种影响量的监控。

随机误差在相同条件下多次测量时，误差的绝对值和符号变化不定，它时大时小、时正时负、不可预定。事实上，多次测量时的条件不可能绝对地完全相同，多种因素的起伏变化或微小差异综合在一起，导致了每个测得值的误差以不可预定的方式变化。就单个随机误差估计值而言，它没有确定的规律；但就整体而言，却服从一定的统计规律。

随机误差的统计规律性，主要可归纳为以下三条：

（一）对称性是指绝对值相等而符号相反的误差，出现的次数大致相等，也即测得值是以它们的算术平均值为中心而对称分布的。

（二）有界性是指测得值误差的绝对值不会超过一定的界限，也即不会出现绝对值很大的误差。

（三）单峰性是指绝对值小的误差比绝对值大的误差数目多，也即测得值是以它们的算术平均值为中心而相对集中地分布的。

四、系统误差

在重复性条件下，对同一被测量进行无限多次测量所得结果的平均值与被测量的真值之差，称为系统误差。它是测量结果中期望不为零的误差分量。

由于只能进行有限次数的重复测量，真值也只能用约定真值代替，因此可能确定的系统误差只是其估计值，并具有一定的不确定度。这个不确定度也就是修正值的不确定度，它与其他来源的不确定度分量一样贡献给了合成标准不确定度。

系统误差大多来源于影响量，它对测量结果的影响若已识别并可定量表述，则称之为“系统效应”。该效应的大小若是显著的，则可通过估计的修正值予以补偿。

五、修正值和修正因子

用代数方法与未修正测量结果相加、补偿系统误差的值，称为修正值。

为补偿系统误差而与未修正测量结果相乘的数字因子，称为修正因子。

含有误差的测量结果，加上修正值或乘以修正因子后就可能补偿或减少误差的影响。由于系统误差不能完全获知，因此这种补偿并不完全。

在量值溯源和量值传递中，常常采用这种加修正值的直观的办法。用高一个等级的计量标准来校准或检定测量仪器，其主要内容之一就是要获得准确的修正值。例如：用示值偏差为1%的压力机进行测量混凝土抗压强度时，最终压力机示值为350kN，则确定混凝土试件的压力值应为350/(1+1%)(kN)。这样系统误差就用修正值进行了补偿。但应强调指出：这种补偿是不完全的，因为修正值本身也含有不确定度，但是通过修正因子或修正值已进行了修正的测量结果，即使具有较大的不确定度，可能仍然十分接近被测量的真值（即误差甚小）。

六、偏差

测量值减去其参考值，称为偏差。

参考值是指设定值、应有值或标称值。

偏差通常与修正值相等，或与误差等值而反向。应强调指出的是：偏差是相对于实际值而言，修正值与误差则是相对于标称值而言，它们所指的对象不同。所以在分析时，首先要分清所研究的对象是什么。

第三节　测量不确定度

一、测量不确定度和标准不确定度

（一）测量不确定度

表征合理地赋予被测量之值的分散性与测量结果相联系的参数，称为测量不确定度。

“合理”指应考虑各种因素对测量结果的影响所做的修正，特别是测量应处于统计控制的状态，即处于随机控制过程中。“相联系”指测量不确定度是一个与测量结果“在一起”的参数，在一个测量结果的完整表示中应包括测量不确定度。此参数可以是诸如标准差或其倍数，或说明了置信水平的区间的半宽度。

测量不确定度表示对测量结果可信性、有效性的怀疑程度或不肯定程度，是定量说明测量结果的质量的一个参数。实际上由于测量不完善和人们的认识不足，所得的被测量值具有分散性。虽然客观存在的系统误差是一个不变值，但由于我们不能完全认知或掌握，只能认为它是以某种概率分布存在于某个区域内的许多个值，而这种概率分布本身也具有分散性。测量不确定度就是说明被测量之值分散性的参数，它不说明测量结果是否接近真值。

在实际中，测量不确定度来源于以下几个方面：

1. 测量的方法不理想；

2. 取样的代表性不够，即被测量的样本不能代表所定义的被测量；

3. 环境条件对测量的影响；

4. 对检测仪器的读数存在人为偏移；

5. 测量仪器的分辨力或鉴别力不够；

6. 计量标准或标准物质的值不准；

7. 引用于数据计算的常量和其他参量不准；

8. 测量方法和测量程序的近似性和假定性；

9. 在表面上看来完全相同的测试条件实际已经发生变化。

以上这些因素，导致了测量不确定度一般由许多分量组成，其中一些分量用测量结果的统计分布来进行评价。另一些分量可以根据经验或其他信息的假定概率分布来进行评价，它们都可以用标准差表征。所有这些分量都会导致测量结果的分散性。

不确定度当由方差得出时，取其正平方根；当分散性的大小用说明了置信水平的区间的半宽度表示时，作为区间的半宽度取正值；当用不确定度除以测量结果时，为相对不确定度，这是个无量纲量，通常以百分数或10的负数幂表示。

（二）标准不确定度和标准差

以标准差表示的测量不确定度，称为标准不确定度。

标准不确定度用符号 μ 表示。只有用标准差表示的测量结果的不确定度，才称为标准不确定度。

当对同一被测量作 n 次测量，通过计算可以得到这组测量结果的实验标准差。

对同一被测量作有限次测量，其中任何一次的测量结果或观测值，都可视作无穷多次测量结果或总体的一个样本。数理统计方法就是通过这个样本所获得的信息（例如算术平均值和标准差等），来推断总体的性质（例如数学期望值和方差等）。数学期望值是通过求无穷多次测量所得的观测值的算术平均值或加权平均值得到的，又称为总体平均值。方差则是无穷多次测量所得观测值与数学期望值之差的平方的算术平均值，它也只是在理论上存在。

方差的正平方根，通常被称为标准差；而通过有限次测量算得的实验标准差，又称为样本标准差。

二、不确定度的 A 类、B 类评定及合成

由于测量结果的不确定度往往由许多原因引起，对每个不确定度来源评定的标准差，称为标准不确定度分量。对这些标准不确定度分量有两类评定方法，即 A 类评定和 B 类评定。

（一）不确定度的 A 类评定

用对观测列进行统计分析的方法，对标准不确定度进行评定，称为不确定度的 A 类评定。所得到的相应的标准不确定度称为 A 类不确定度分量。A 类标准不确定度用实验标准差表示。

统计分析的方法是指通过分析测量所抽取的样本而得到的信息，来推测关于总体样本性质的方法。比如通过计算抽取样本的测量值的平均值和标准差，来推测总体的平均值和标准差。

（二）不确定度的 B 类评定

用不同于对观测列进行统计分析的方法来评定标准不确定度，称为不确定度的 B 类评定。

它用根据经验或资料及假设的概率分布估计的标准差来表示，也就是说其原始数据并非来自观测列的数据处理，而是基于实验或其他信息来估计，含有主观鉴别的成分。用于不确定度 B 类评定的信息来源一般有：

1. 以前的观测数据；

2. 对有关技术资料和测量仪器特性的了解和经验；

3. 生产部门提供的技术说明文件；

4. 校准证书、检定证书或其他文件提供的数据、准确度的等别或级别，包括目前仍在使用的极限误差、最大允许误差等；

5. 相关手册或某些资料给出的参考数据及其不确定度；

6. 规定实验方法的国家标准或类似技术文件中给出的重复性限或复现性限。

不确定度的 A 类评定由观测列统计结果的统计分布来估计，其分布来自观测列的数据处理，相对于不确定度的 B 类评定具有客观性和统计学的严格性。但是这两类标准不确定度的评定方

法仅是估算方法不同，不存在本质差异，它们都是基于统计规律的概率分布，都可用标准差来定量表达，合成时同等对待。只不过A类是通过一组与观测得到的频率分布近似的概率密度函数求得，而B类是由基于事件发生的信任度（主观概率或称为先验概率）的假定概率密度函数求得。对某一项不确定度分量究竟用A类方法评定，还是用B类方法评定，应由测量人员根据具体情况选择。

（三）合成标准不确定度

当测量结果是由若干个其他量的值求得时，按其他各量的方差和协方差算得的标准不确定度，称为合成标准不确定度。

在测量结果是由若干个其他量求得的情形下，测量结果的标准不确定度等于这些其他量的方差和协方差适当和的正平方根，它被称为合成标准不确定度。合成标准不确定度是测量结果标准差的估计值。

方差是标准差的平方，协方差是相关性导致的方差。当两个被测量的估计值具有相同的不确定度来源，特别是受到相同的系统效应的影响时，它们之间即存在着相关性。如果两个都偏大或都偏小，称为正相关；如果一个偏大而另一个偏小，则称为负相关。由这种相关性所导致的方差，即为协方差。显然，计入协方差会扩大合成标准不确定度，协方差的计算既有属于A类评定的、也有属于B类评定的。人们往往通过改变测量程序来避免发生相关性，或者使协方差减小到可以略计的程度。如果两个随机变量是独立的，则它们的协方差和相关系数等于零，但反之不一定成立。

合成标准不确定度仍然是标准差，它表征了测量结果的分散性。

三、扩展不确定度和包含因子

（一）扩展不确定度

扩展不确定度是确定测量结果区间的量，合理赋予被测量之值分布的大部分可望含于此区间。它有时也被称为展伸不确定度或范围不确定度。

实际上扩展不确定度是由合成标准不确定度的倍数表示的测量不确定度。它是将合成标准不确定度扩展了 k 倍得到的，这里的 k 值一般为2，有时为3，取决于被测量的重要性、效益和风险。

扩展不确定度是测量结果的取值区间的半宽度，可期望该区间包含了被测量之值分布的大部分。而测量结果的取值区间在被测量值概率分布中所包含的百分数，被称为该区间的置信概率或置信水平。

（二）包含因子和自由度

为求得扩展不确定度，对合成标准不确定度所乘之数字因子，称为包含因子，有时也称为覆盖因子。

包含因子的取值决定了扩展不确定度的置信水平。

自由度一词，在不同领域有不同的含义。这里对被测量若只观测一次，有一个观测值，则不存在选择的余地，即自由度为0。若有两个观测值，显然就多了一个选择。换言之，本来观测一次即可获得被测量值，但人们为了提高测量的质量（品质）或可信度而观测 n 次，其中多测的（$n-1$）次实际上是由测量人员根据需要自由选定的，故称之为“自由度”。

在A类标准不确定度评定中，自由度用于表明所得到的标准差的可靠程度。它被定义为“在方差计算中，和的项数减去对和的限制数”。在计算时，取和符号后的项数等于 n，而 n 个观测值与其平均值 X 之差（残差）的和显然为零。这就是一个限制条件，即限制数为1，故自由度为 $n-1$。通常，自由度等于测量次数 n 减去被测量的个数 m，即 $n-m$。

四、测量误差与测量不确定度的区别

归纳上述内容，可将测量误差与测量不确定度之间存在的主要区别列于表3-1。

测量误差与测量不确定度的主要区别 **表 3-1**

序号	内容	测量误差	测量不确定度
1	定义	表明测量结果偏离真值，是一个差值	表示赋予被测量之值的分散性，是一个区间
2	分量的分类	按出现于测量结果中的规律，分为随机和系统，都是无限多次测量时的理想化概念	按是否用统计方法求得，分为 A 类和 B 类，都是标准不确定度
3	可操作性	由于真值未知，只能通过约定真值求得其估计值	按实验、资料、经验评定，实验方差是总体方差的无偏估计
4	表示的符号	非正即负，不要用正负（±）号表示	为正值，当由方差求得时取其正平方根
5	合成的方法	为各误差分量的代数和	当各分量彼此独立时为方差和根，必要时加入协方差
6	结果的修正	已知系统误差的估计值时，可以对测量结果进行修正，得到已修正的测量结果	不能用不确定度对结果进行修正，在已修正结果的不确定度中应考虑修正不完善引入的分量
7	结果的说明	属于给定的测量结果，只有相同的结果才有相同的误差	合理赋予被测量的任一个值，均具有相同的分散性
8	实验标准差	来源于给定的测量结果，不表示被测量估计值的随机误差	来源于合理赋予的被测量之值，表示同一观测列中任一个估计值的标准不确定度
9	自由度	不存在	可作为不确定度评定是否可靠的指标
10	置信概率	不存在	当了解分布时，可按置信概率给出置信区间

第四章 量值溯源和能力验证

第一节 量 值 溯 源

一、计量及其溯源性

计量是为实现单位统一、量值准确可靠而进行的科技、法制和管理活动。计量工作具有准确性、一致性、溯源性及法制性的特点。

准确性是指测量结果与被测量真值的一致程度。由于实际上不存在完全准确无误的测量，因此，在给出量值的同时，必须给出适应于应用目的或实际需要的不确定度或误差范围。否则，所进行的测量的质量就无从判断，量值也就不具备充分的实用价值。因此，所谓量值的准确，即是在一定的不确定度、误差极限或允许误差范围内的准确。

一致性是指在统一计量单位的基础上，无论在何时、何地、采用何种方法，使用何种计量器具以及由何人测量，只要符合有关的要求，其测量结果就应在给定的区间内一致。也就是说，测量结果应是可重复、可再现、可比较的。

溯源性是指任何一个测量结果或计量标准的值，都能通过一条具有规定不确定度的连续比较链与计量基准联系起来。这样可以使所有的同种量值，都可以按这条比较链通过校准向测量的源头追溯，也就是溯源到同一个计量基准（国家基准或国际基准），从而使准确性和一致性得到技术保证。

法制性来自于计量的社会性，因为量值的准确可靠不仅依赖于科学技术手段，还要有相应的法律、法规和行政管理。特别是对国计民生有明显影响，涉及公众利益和可持续发展或需要特殊信任的领域，必须由政府主导建立起法律保障。

由此可见，计量不同于一般的测量。测量是为确定量值而进行的全部操作，一般不具备、也不必具备计量的上述四个特点；计量属于测量而又严于一般的测量。

二、溯源等级图

溯源等级图是一种代表等级顺序的框图，用以表明计量器具的计量特性与给定量的基准之间的关系。有时也称为溯源体系表，它是对给定量或给定型号计量器具所用的比较链的一种说明，以此作为其溯源性的证据。

建立溯源等级图的目的，是要对所进行的测量在其溯源到计量基准的途径中，尽可能减少环节和降低测量不确定度，能给出最大的可信度。为实现溯源性，用等级图的方式应给出：

(1) 不同等级标准器和选择；

(2) 等级间的连接及其平行分支；

(3) 标准器特性的重要信息，如测量范围、不确定度或准确度等级或最大允许误差等；

(4) 溯源链中比较用的装置和方法。

等级图是逐级分等的。试图固定两个等级间的不确定度之比是不现实的，根据被测量的具体情况，这个比率通常处于2～10之间。

在等级图中应注意区别标准器复现量值的不确定度，以及经标准器校准所得测量结果和不确定度。要指明不确定度是标准、合成还是扩展不确定度；当表示为扩展不确定度时，要给出包含因子或置信概率，还要指明其不能超过的不确定度限。对于普通计量器具，也可以指出其最大允许误差。

对持有某一等级计量器具的部门或企业，至少应按溯源等级图提供其上一等级标准器特性的有关信息，以便实现其向国家基准的溯源。

三、校准和检定

在规定条件下，为确定测量仪器或测量系统所指示的量值，或实物量具或参考物质所代表的量值，与对应的由标准所复现的量值之间关系的一组操作，称为校准。

校准的依据是校准规范或校准方法，可作统一规定，也可自行制定。校准的结果可记录在校准证书或校准报告中，也可用校准因数或校准曲线等形式表示。

计量器具的检定，则是查明和确认计量器具是否符合法定要求的程序，它包括检查、加标记和（或）出具检定证书。

检定具有法制性，其对象是法制管理范围内的计量器具。随着我国改革开放及经济的发展，强化检定法制性的同时，对大量非强制检定的计量器具为达到统一量值的目的，以采用校准为主要方式。强制检定应由法定计量检定机构或者授权的计量检定机构执行。此外，我国对社会公用计量标准，部门和企业、事业单位的各项最高计量标准，也实行强制检定。

检定的依据是按法定程序审批公布的计量检定规程。任何企业和其他实体是无权制定检定规程的。

对检定结果，必须作出合格与否的结论，并出具证书或加盖印记。从事检定的工作人员必须是经考核合格，并持有有关计量行政部门颁发的检定员证。

校准和检定的主要区别，可归纳为如下5点：

(1) 校准不具法制性，是企业自愿溯源行为；检定具有法制性，属计量管理范畴的行为。

(2) 校准主要确定测量器具的示值误差；检定是对测量器具的计量特性及技术要求的全面评定。

(3) 校准的依据是校准规范、校准方法，可作统一规定也可自行制定；检定的依据是检定规程，任何企业和其他实体是无权制定检定规程的。

（4）校准不判断测量器合格与否，但当需要时，可确定测量器具的某一性能是否符合预期的要求；检定要对所检的测量器具作出合格与否的结论。

（5）校准结果通常是发校准证书或校准报告；检定结果合格的发检定证书，不合格的发不合格通知书。

第二节　能力验证

一、能力验证的目的

能力验证是利用实验室间比对来确定试验室能力的活动，实际上它是为确保实验室维持较高的校准和检测水平而进行考核、监督和确认的一种验证活动。参加能力验证活动，可为实验室提供评价其出具数据可靠性和有效性的客观证据。

通过能力验证活动可以达到的目的可归纳为以下几点：

（1）确定实验室进行某些特定检测或测量的能力，以及监控实验室的持续能力；

（2）识别实验室中的问题并制定相应的补救措施，这些措施可能涉及诸如个别人员的行为或仪器的标准等；

（3）确定新的检测方法的有效性和可比性，并对这些方法进行相应的监控；

（4）增加实验室用户的信心；

（5）识别实验室间的差异；

（6）确定某种方法的合理性；

（7）为参考物质赋值，并评价它们在特定检测或测量程序中应用的适用性。

二、能力验证计划的类型

为确定实验室在特定领域的检测、测量和校准能力而设计和运行的实验室间比对，称为能力验证计划。这一计划可覆盖某个特定类型的检测，或对某些特定的产品、项目或材料的检测。大部分能力验证活动具有以下的共同特征：将一个实验所得的结果，与其他一个或多个实验室所得的结果进行比对。

常用的能力验证计划有以下六种类型：

（一）实验室间校准计划（测量比对计划）

校准计划所涉及的被测物品，是按顺序从一个参加实验室传送到下一个实验室。

用于此类计划的测量物品，可以包括参考标准（如电阻器、量规和仪器等）。

（二）实验室间检测计划

检测计划是从材料源中随机抽取样品，同时分发给参加实验室进行检测。这种方法有时也用于实验室间校准计划。

认可、法定机构或其他组织，在检测领域通常采用这类计划，所用的被测物品有钢样、水泥等其他物质。在某些情况下，被测物品是已建立的（有证）参考物质的分离部分。

（三）分割样品检测计划

典型的分割样品检测计划的比对数据，由包含少量实验室的小组（通常只有两个实验室）提供，这些实验室将作为潜在的或连续的检测服务提供者接受评价。在商业交易中经常采用这类计划或类似计划，把表示贸易商品的样品在代表供方的实验室和代表需方的另一实验室之间进行分割。若对供需双方实验室出具结果的差异还须仲裁时，通常把另一个样品保留在第三方实验室进行检测。

（四）定性计划

评价实验室的检测能力并不总是采用实验室间比对，例如，某些计划是为了评价实验室表征特定实物的能力（如识别石棉的类型、特定病原有机体等）。这类计划，可能包含计划协调者专门制备了额外目标组分的检测物品。因此在性质上，这些计划是“定性”的，不需要多个实验室参与或通过实验室间的比对方式。

（五）已知值计划

这是一种特殊的能力验证类型，不需要很多实验室参加。它包括制备待测的、被测量值已知的检测物品，提供与指定值比对的数字结果等，以此来评价实验室的检验能力。

（六）部分过程计划

这是能力验证的一种特殊类型，系指评价实验室对检测/测量全过程中的若干部分的检测/测量能力。例如，可以验证实验室转换给定数据的能力（而不是进行实际的测量或检测），或者验证抽样、制备样品等部分的能力。

三、能力验证计划的实施

（一）参加能力验证

参加能力验证，对于已获认可和申请认可的实验室是强制性的，对其他的实验室则是自愿的。实验室可以书面形式申请暂不参加某一能力验证计划，但对于无故拒绝参加又没有提出暂不参加申请或申请未被认同的实验室，认可或法定机构将依据有关规定予以处理，直至暂停/撤消对该实验室的资格认可，或建议委托部门予以处理。

（二）能力验证纠正活动

在能力验证活动中出现不满意结果（离群）的实验室，须依照能力验证纠正活动的要求进行整改。纠正活动程序如下：

1. 要求实验室尽快寻找和分析出现离群的原因，开展有效的整改活动（应包含对质量体系相关要素的控制、技术能力等方面的分析，以及进行相关的试验和有效地利用反馈信息等全面的活动），并将详细的整改报告以书面形式，在规定期限内提交认可或法定机构审查。

2. 认可或法定机构有关部门会同有关技术专家，根据实验室的整改报告，作出是否认同实验室进行了有效整改的结论。若认同，将安排后续验证计划，对实验室的整改情况加以确认；若发现实验室的整改中依旧存在问题，则派遣核查组携带样品对该实验室进行现场核查。在现场核查中，若发现实验室仍存在影响检测结果的严重问题，将建议暂停/撤消对该实验室相关项目的认可。

3. 对于在限定期限内不提交整改报告而又无任何书面的理由陈述的实验室，将视其为拒绝接受整改，依据有关规定对其进行处理，直至停止/撤消对该实验室相关项目的认可。

第五章　通常检测项目

第一节　建 筑 用 砂

一、依据标准

《建筑用砂》(GB/T14684—2001)。

二、组批和取样规定

(一) 组批规定

按同分类、规格、适用等级及日产量每 600t 为一批，不足 600t 也为一批；日产量超过 2000t，按 1000t 为一批，不足 1000t 也为一批。

(二) 取样方法

在料堆上取样时，取样部位应均匀分布，取样前先将取样部分表层铲除，然后从不同部位抽取大致等量的砂 8 分，组成一组样品。

从皮带运输机上取样时，应用接料器在皮带运输机机尾的出料处定时抽取大致等量的砂 4 份，组成一组样品。

从火车、汽车、货船上取样时，从不同部位和深度抽取大致等量的砂 8 份，组成一组样品。

(三) 取样数量

单项试验的最少取样数量应符合表 5-1 的规定。做几项试验时，如确能保证试样经一项试验后不致影响另一项试验的结果，可用同一试样进行几项不同的试验。

单项试验的最少取样数量　　表 5-1

试　验　项　目	最少取样数量（kg）
颗粒级配	4.4
含　泥　量	4.4
石粉含量	6.0
泥块含量	20.0
表观密度	2.6
堆积密度与空隙率	5.0

（四）取样后试样处理

分料器法：将样品在潮湿状态下拌合均匀，然后通过分料器，取接料斗中的其中一份再次通过分料器。重复上述过程，直至把样品缩分到试验所需要的数量为止。

四分法：将所取样品置于平板上，在潮湿状态下拌合均匀，并堆成厚度约为 20mm 的圆饼，然后沿互相垂直的两条直径把圆饼分成大致相等的四份，取其中对角线的两份重新拌匀，再堆成圆饼。重复上述过程，直至把样品缩分到试验所需的数量为止。

堆积密度所用试样可不经缩分，在拌匀后直接进行试验。

三、分类与应用

（一）分类

砂按产源分为天然砂、人工砂两类；

砂按技术要求分类Ⅰ类、Ⅱ类、Ⅲ类；

砂按照细度模数分为粗砂、中砂、细砂三种规格，其细度模数分别为：

粗砂：3.7～3.1

中砂：3.0～2.3

细砂：2.2～1.6

（二）用途

Ⅰ类宜用于强度等级大于 C60 的混凝土；Ⅱ类宜用于强度等级 C30～C60 及抗冻、抗渗或其他要求混凝土；Ⅲ类宜用于强度等级小于 C30 混凝土和建筑砂浆。

四、常规检验项目及技术要求

（一）常规检验项目：颗粒级配、含泥量、泥块含量和石粉含量。

（二）检验项目的技术要求

1. 颗粒级配

砂的颗粒级配应符合表 5-2 的规定。

砂的颗粒级配　　表 5-2

方筛孔径 \ 累计筛余（%） \ 级配区	1	2	3
9.50mm	0	0	0
4.75mm	10～0	10～0	10～0
2.36mm	35～5	25～0	15～0
1.18mm	65～35	50～10	25～0
600μm	85～71	70～41	40～16
300μm	95～80	92～70	85～55
150μm	100～90	100～90	100～90

注：（1）砂的实际颗粒级配与表中所列数字相比，除 4.75mm 和 600μm 筛档外，可以略有超出，但超出总量应小于 5%。

（2）1 区人工砂中 150μm 筛孔的累计筛余可以放宽到 100～85，2 区人工砂中 150μm 筛孔的累计筛余可以放宽到 100～80，3 区人工砂中 150μm 筛孔的累计筛余可以放宽到 100～75。

2. 含泥量、石粉含量和泥块含量

天然砂的含泥量和泥块含量应符合表 5-3 的规定。

含泥量和泥块含量（按质量计）　　**表 5-3**

项　目	指　标		
	Ⅰ类	Ⅱ类	Ⅲ类
含泥量（%）	<1.0	<3.0	<5.0
泥块含量（%）	0	<1.0	<2.0

人工砂的石粉含量和泥块含量应符合表 5-4 的规定。

人工砂的石粉含量和泥块含量（按质量计）　　**表 5-4**

项　目			Ⅰ类	Ⅱ类	Ⅲ类
亚甲蓝试验	MB 值<1.40 或合格	石粉含量（%）	<3.0	<5.0	<7.0*
		泥块含量（%）	0	<1.0	<2.0
	MB 值≥1.40 或不合格	石粉含量（%）	<1.0	<3.0	<5.0
		泥块含量（%）	0	<1.0	<2.0

注：* 根据使用地区和用途，在试验验证的基础上，可由供需双方协商确定。

五、试验方法

（一）颗粒级配

1. 试验

按表 5-1 规定的数量取样，并将试样缩分至约 1100g，放在烘箱中于（105±5）℃下烘干至恒量，待冷却至室温后，筛除大于 9.50mm 的颗粒（并算出其筛余百分率），分为大致相等的两份备用。

注：恒量系指试样在烘干 1～3h 的情况下，其前后质量差不大于该项试验所要求的称量精度。

称取试样 500g，精至 1g。将试样倒入按孔径大小从上到下组合的套筛（附筛底）上，然后进行筛分。

将套筛置于摇筛机上，摇 10min；取下套筛，按筛孔大小顺序再逐个用手筛，筛至每分钟通过量小于试样总量 0.1% 为止。

通过的试样并入下一号筛中，并和下一号筛中的试样一起过筛，这样顺序进行，直至各号筛全部筛完为止。

称出各号筛的筛余量，精确至1g，试样在各号筛上的筛余量不得超过按式（5-1）计算出的量。

$$G=\frac{A\times d^{1/2}}{200} \tag{5-1}$$

式中 G——在某一个筛上的筛余量（g）；

A——筛面面积（mm^2）；

d——筛孔尺寸（mm）。

当各号筛上的筛余量超过该号筛的计算筛余量时，应按下列方法之一处理：

1）将该粒级试样分成少于按（5-1）式计算出的量，分别筛分，并以筛余量之和作为该号筛的筛余量。

2）将该粒级及以下各粒级的筛余混合均匀，称出其质量，精确至1g。再用四分法缩分为大致相等的两份，取其中一份称出其质量，继续筛分。计算该粒级及以下各粒级的分计筛余量时应根据缩分比例进行修正。

2. 结果计算与评定

计算分计筛余百分率：各号筛的筛余量与试样总量之比，计算精确至0.1%。

计算累计筛余百分率：该号筛的筛余百分率加上该号筛以上各筛余百分率之和，精确至0.1%。

筛分后，如每号筛的筛余量与筛底的剩余量之和同原试样质量之差超过1%时，须重新试验。

砂的细度模数按下式计算，精确至0.01：

$$M_r=\frac{A_2+A_3+A_4+A_5+A_6-5A_1}{100-A_1} \tag{5-2}$$

式中 M_r——细度模数；

A_1、A_2、A_3、A_4、A_5、A_6——分别为4.75mm、2.36mm、1.18mm、600μm、300μm、150μm筛余百分率。

累计筛余百分率取两次试验的算术平均值，精确至1%。细度模数取两次试验结果的算术平均值，精确至0.1；如两次试验的细度模数之差超过0.20时，须重新试验。

（二）含泥量

1. 试验步骤

按表5-1规定的数量取样，并将试样缩分至约1100g，放在烘箱中于（105±5）℃下烘干至恒量，待冷却至室温后，分为大致相等的两份备用。

称取试样500g，精确至0.1g。将试样倒入淘洗容器中，注入清水，使水面高于试样面约150mm，充分搅拌均匀后，浸泡2h，然后用手在水中淘洗试样，使尘屑、淤泥和黏土与砂粒分离，把浑水缓缓倒入1.18mm及75μm的套筛上（1.18mm筛放在75μm筛上面），滤去小于75μm的颗粒，试样筛子的两面应先用水润湿，在整个过程中应小心防止砂粒流失。

再向容器中注入清水，重复上述操作，直到容器内的水目测清澈为止。

用水淋洗剩余在筛上的细粒，并将75μm筛放在水中（使水面略高出筛中砂粒的上表面）来回摇动，以充分洗掉小于75μm的颗粒，然后将两只筛的筛余颗粒和清洗容器中已经洗净的试样一并倒入搪瓷盘，放在烘箱中于（105±5）℃下烘干至恒量，待冷却至室温后，称出其质量，精确至0.1g。

2. 含泥量计算

含泥量计算按下式计算，精确至0.1%：

$$Q_a = \frac{G_0 - G_1}{G_0} \times 100 \tag{5-3}$$

式中 Q_a——含泥量（%）；

G_0——试验前烘干试样的质量（g）；

G_1——试验后烘干试样的质量（g）。

含泥量取两个试样的试验结果算术平均值作为测定值。

（三）泥块含量

1. 试验步骤

按表5-1规定的数量取样，并将试样缩分至约5000g，放在烘箱中于（105±5）℃下烘干至恒量，待冷却到室温后，筛除小于1.18mm的颗粒，分成大致相等的两份备用。

称取试样200g，精确至0.1g。将试样倒入淘洗容器中，注入清水，使水面高于试样面约150mm，充分搅拌均匀后，浸泡24h。然后用手在水中碾碎泥块，再把试样放在600μm筛上，用水淘洗，直到容器内的水目测清澈为止。

将保留下来的试样小心地从筛中取出，装入浅盘后，放在烘箱中于（105±5）℃下烘干至恒量，待冷却到室温后，称出其质量，精确至0.1g。

2. 泥块含量计算

泥块含量按下式计算，精确至0.1%：

$$Q_b = \frac{G_1 - G_2}{G_1} \times 100 \tag{5-4}$$

式中 Q_b——泥块含量（%）；

G_1——1.18mm筛筛余试样的质量（g）；

G_2——试验后烘干试样的质量（g）。

泥块含量取两次试验结果的算术平均值，精确至0.1%。

（四）石粉含量

1. 亚甲蓝MB值的测定

按表5-1规定的数量取样，并将试样缩分至约400g，放在烘箱中于（105±5）℃下烘干至恒量，待冷却到室温后，筛除大于2.36mm的颗粒备用。

称取试样200g，精确至0.1g。将试样倒入盛有（500±5）mL蒸馏水的烧杯中，用叶轮搅拌机以（600±60）r/min转速搅拌5min，然后持续以（400±40）r/min转速搅拌，直至试验结束。

悬浮液中加入5mL浓度为1%亚甲蓝溶液，以（400±40）r/min转速搅拌至少1min后，用玻璃棒沾取一滴悬浮液，滴于滤纸上。若沉淀物周围未出现色晕，再加入 5mL 亚甲蓝溶液，继续搅拌 1min，再用玻璃棒沾取一滴悬浮液，滴于滤纸上，若沉淀物周围未出现色晕，重复上述步骤直至沉淀物周围出现约 1mm 的稳定浅蓝色色晕。此时，应继续搅拌，不加入亚甲蓝溶液，每 1 分钟进行一次沾染试验。若色晕在 4min 内消失，再加入 5mL 亚甲蓝溶液；若色晕在 5min 内消失，再加入 2mL 亚甲蓝溶液。两种情况下，均应继续进行搅拌和沾染试验，直至色晕可持续 5min。

记录色晕可持续 5min 时所加入的亚甲蓝溶液总体积，精确至 1mL。

2. 亚甲蓝的快速试验

按亚甲蓝 MB 值的测定中的规定制样和搅拌。

一次性向烧杯中加入 30mL 浓度为 1% 的亚甲蓝溶液，持续以（400 ± 40）r/min 转速搅拌 8min，用玻璃棒沾取一滴悬浮液，滴于滤纸上，观察沉淀物周围是否出现明显色晕。

3. 亚甲蓝 MB 值结果计算：

$$MB = \frac{V}{G} \times 10 \tag{5-5}$$

式中 MB——亚甲蓝 MB 值（g/kg），精确至 0.1；表示每千克 0～2.36mm 粒级试样所消耗的亚甲蓝克数；

G——试样质量（g）；

V——所加入的亚甲蓝溶液总量（mL）。

4. 亚甲蓝快速试验结果评定

若沉淀物周围出现明显色晕，则判定亚甲蓝快速试验为合格；若沉淀物周围未出现明显色晕，则判定亚甲蓝快速试验为不合格。

第二节 石　　子

一、依据标准

《建筑用卵石、碎石》（GB/T14685—2001）；

《沥青路面施工及验收规范》(GB50092—1996);
《公路工程集料试验规程》(JTG E042—2005);
《公路路面基层施工技术规范》(JTJ034—2000)。

二、组批和取样规定

(一)组批规定

按同分类、规格、适用等级及日产量每600t为一批,不足600t也为一批;日产量超过2000t,按1000t为一批,不足1000t也为一批;日产量超过5000t,按2000t为一批,不足2000t也为一批。

(二)取样方法

在料堆上取样时,取样部位应均匀分布。取样前先将取样部位表层铲除,然后从不同部分抽取大致等量的石子15份(在料堆的顶部、中部和底部均匀分布的15个不同部位取得)组成一组样品。

从皮带运输机上取样时,应用接料器在皮带运输机机尾的出料处定时抽取大致等量的石子8份,组成一组样品。

从火车、汽车、货船上取样时,从不同部位和深度抽取大致等量的石子16份,组成一组样品。

(三)试样数量

单项试验的最少取样数量应符合表5-5的规定。同时做几项试验时,如确能保证试样经一项试验后不致影响另一项试验的结果,可用同一试样进行几项不同的试验。

单项实验取样数量(kg) **表5-5**

序号	试验项目	不同最大粒径(mm)下的最少取样量							
		9.5	16.0	19.0	26.5	31.5	37.5	63.0	75.0
1	颗粒级配	9.5	16.0	19.0	25.0	31.5	37.5	63.0	80.0
2	含泥量	8.0	8.0	24.0	24.0	40.0	40.0	80.0	80.0
3	泥块含量	8.0	8.0	24.0	24.0	40.0	40.0	80.0	80.0

续表

序号	试验项目	不同最大粒径（mm）下的最少取样量							
		9.5	16.0	19.0	26.5	31.5	37.5	63.0	75.0
4	针片状颗粒含量	1.2	4.0	8.0	12.0	20.0	40.0	40.0	40.0
5	有机物含量	按试验要求的粒级和数量取样							
6	硫酸盐和硫化物含量								
7	坚固性								
8	岩石抗压强度	随机选取完整石块锯切或钻取成试验用样品							
9	压碎指标值	按试验要求的粒级和数量取样							
10	表观密度	8.0	8.0	8.0	8.0	12.0	16.0	24.0	24.0
11	堆积密度与空隙率	40.0	40.0	40.0	40.0	80.0	80.0	120.0	120.0
12	碱集料反应	20.0	20.0	20.0	20.0	20.0	20.0	20.0	20.0

（四）试样处理

将所取样品置于平板上，在自然状态下拌合均匀，并堆成堆体，然后沿互相垂直的两条直径把堆体分成大致相等的四份，取其中对角线的两份重新拌匀，再堆成堆体。重复上述过程。直至把样品缩分到试验所需量为止。

堆积密度检验所用试样可不经缩分，在拌匀后直接进行试验。

三、技术要求

（一）水泥混凝土用

1. 水泥混凝土用粗骨料的技术要求应符合表 5-6 的规定。

水泥混凝土用粗骨料的技术要求　　表 5-6

技术指标	种类	Ⅰ类	Ⅱ类	Ⅲ类
石料压碎指标值小于（%）	碎石	10	20	30
	卵石	12	16	16
针片状颗粒含量小于（%）	碎石/卵石	5	15	25

续表

技术指标	种类	Ⅰ类	Ⅱ类	Ⅲ类
含泥量（按质量计）小于（%）	碎石/卵石	0.5	1.0	1.5
泥块含量（按质量计）小于（%）	碎石/卵石	0	0.5	0.7

注：(1) Ⅰ类宜用于强度等级大于C60的混凝土；Ⅱ类宜用于强度等级C30～C60及抗冻、抗渗或其他要求的混凝土；Ⅲ类宜用于强度等级小于C30的混凝土

(2) 混凝土强度为C60及以上时，必要时应进行岩石抗压强度检验。岩石的抗压强度与混凝土强度等级之比，不应小于1.5，且火成岩强度不宜低于80MPa，变质岩不宜低于60MPa，沉积岩不宜低于30MPa。

2. 水泥混凝土用粗骨料级配规格

混凝土用碎石或卵石的粗骨料级配应符合表5-7的规定。

根据工程要求，连续粒级可与单粒级配合使用，也允许直接采用单粒级，但必须避免混凝土离析。

2.5mm以下的石屑、石粉，易粘附在粗颗粒上，对水泥混凝土和易性影响很大，因此，这种细粒含量不宜超过5%。

若生产的骨料规格不符合表5-7的规定，但确认与其他材料掺配后的级配符合规格要求时，也可以使用。

水泥混凝土用碎石或卵石的颗粒级配规格　　表5-7

级配情况	公称粒级（mm）	累计筛余，按质量计（%）											
		方孔筛筛孔尺寸（mm）											
		2.36	4.75	9.50	16.0	19.0	26.5	31.5	37.5	53.0	63.0	75.0	90
连续粒级	5～10	95～100	80～100	0～15	0								
	5～16	95～100	85～100	30～60	0～10	0							
	5～20	95～100	90～100	40～80		0～10	0						
	5～25	95～100	90～100		30～70		0～5	0					

续表

级配情况	公称粒级(mm)	累计筛余，按质量计（%）											
		方孔筛筛孔尺寸（mm）											
		2.36	4.75	9.50	16.0	19.0	26.5	31.5	37.5	53.0	63.0	75.0	90
连续粒级	5~31.5	95~100	90~100	70~90		15~45		0~5	0				
	5~40		95~100	70~90		30~65			0~5	0			
单粒粒级	10~20		95~100	85~100		0~15	0						
	16~31.5		95~100		85~100			0~10	0				
	20~40			95~100		80~100			0~10	0			
	31.5~63				95~100			75~100	45~75		0~10	0	
	40~80					95~100			70~100		30~60	0~10	0

（二）沥青面层

1. 沥青面层用粗骨料的技术要求应符合表 5-8 的规定。

沥青面层用粗骨料技术要求 **表 5-8**

指　　标		高速公路、一级公路	一般公路
石料压碎值	不大于（%）	28	30
洛杉矶磨耗损失	不大于（%）	30	40
视密度	不小于（t/m^3）	2.50	2.45
吸水率	不大于（%）	2.0	3.0
对沥青的粘附性	不小于（%）	4 级	3 级
坚固性	不大于（%）	12	—
细长扁平颗粒含量	不大于（%）	15	20
水洗法（<0.075mm）	不大于（%）	1	1
软石含量	不大于（%）	5	5
石料磨光值	不大于（BPN）	42	实测
石料冲击值	不大于（%）	28	实测

续表

指　　标	高速公路、一级公路	一般公路
破碎砾石的破碎面积　　不小于（%） 拌合的沥青混合料路面表面层	90	40
中下面层	50	40
贯入式路面	—	40

注：（1）坚固性试验根据需要进行。

（2）用于高速公路、一级公路时、多孔玄武岩的视密度可放宽至 $2.45t/m^3$，含水率可放宽至3%，但必须得到主管部门的批准。

（3）石料磨光值是为高速公路、一级公路和城市快速路、主干路的表层抗滑需要而实验的指标，石料冲击值可根据需要进行。其他公路与城市道路如需要时，可提出相应的指标值；

（4）钢渣的游离氧化钙的含量不应大于3%，浸水后的膨胀率不应大于2%。

2. 沥青面层用粗骨料规格应符合表5-9的规定。

沥青面层用粗骨料规格　　表5-9

规格	公称粒径（mm）	通过下列筛孔（方孔筛）的质量百分率（%）												
		106	75	63	53	37.5	31.5	26.5	19	13.2	9.5	4.75	2.36	0.6
S1	40～75	100	90～100			0～15		0～5						
S2	40～60		100	90～100		0～15		0～5						
S3	30～60		100	90～100			0～15		0～5					
S4	25～50			100	90～100			0～15		0～5				
S5	20～40				100	90～100			0～15		0～5			
S6	15～30					100	90～100			0～15		0～5		
S7	10～30					100	90～100				0～15	0～5		
S8	15～25						100	95～100		0～15		0～5		
S9	10～20							100	95～100		0～15	0～5		
S10	10～15								100	95～100	0～15	0～5		

续表

规格	公称粒径（mm）	通过下列筛孔（方孔筛）的质量百分率（%）												
		106	75	63	53	37.5	31.5	26.5	19	13.2	9.5	4.75	2.36	0.6
S11	5~15								100	95~100	40~70	0~15	0~5	
S12	5~10									100	95~100	0~10	0~5	
S13	3~10									100	95~100	40~70	0~15	0~5
S14	3~5										100	85~100	0~25	0~5

3. 沥青面层用石屑规格应符合表5-10的规定。

沥青面层用石屑规格　　表5-10

规格	公称粒径（mm）	通过下列筛孔（方孔筛，mm）的质量百分率（%）					
		9.5	4.75	2.36	0.6	0.3	0.075
S15	0~5	100	85~100	40~70			0~15
S16	0~3		100	85~100	20~50		0~15

（三）路面基层及底基层

1. 路面基层及底基层用骨料的技术要求应符合表5-11的规定。

路面基层及底基层用骨料的技术要求　　表5-11

基层类型	压碎值不大于（%）	针片状颗粒不大于（%）
水泥稳定土用碎石或砾石	—	
二级以下公路底基层	40	
二级和二级以下公路基层	35	
一级和高速公路基层	30	
石灰稳定土用碎石或砾石	—	
二级和二级以下公路底基层	40	
高速和一级公路底基层，二级以下公路基层	35	
二级公路基层	30	

续表

基层类型	压碎值不大于（%）	针片状颗粒不大于（%）
二灰稳定土用碎石或砾石	—	
二级和二级以下公路底基层	40	
二级和二级以下公路基层	35	
一级和高速公路基层底基层	30	
级配碎石	—	20
二级以下公路底基层	40	
二级公路底基层和二级以下公路基层	35	
一级和高速公路底基层及二级公路基层	30	
一级和高速公路基层	26	
级配砾石	—	20
二级以下公路底基层	40	
二级公路底基层和二级以下公路基层	35	
一级和高速公路基层及二级公路基层	30	
填隙碎石	—	15
基层	26	
底基层	30	

四、试验方法

本试验方法以水泥混凝土为例，其余如沥青混合料请参照《公路工程集料试验规程》（JTG E42—2005）。

（一）颗粒级配

1. 试验步骤

按表5-5规定的数量取样，并将试样缩分至略大于表5-12规定的数量，烘干或风干后备用。

颗粒级配试验所需试样数量　　表5-12

最大粒径（mm）	9.5	16.0	19.0	26.5	31.5	37.5	63.0	75.0
最少试样质量（kg）	1.9	3.2	3.8	5.0	6.3	7.5	12.6	16.0

称取表5-12规定的数量的一份试样，精确到1g。将试样倒入按孔径大小从上到下组合的套筛（附筛底）上，然后进行筛分。

将套筛置于摇筛机上，摇10min，取下套筛，按筛孔大小顺序再逐个用手筛，筛至每分钟通过量小于试样总量0.1%为止。通过的颗粒并入下一号筛中，并和下一号筛中的试样一起进行筛分，这样顺序进行，直至各号筛全部筛完为止。

当筛余颗粒的粒径大于19.0mm时，在筛分过程中，允许用手指拨动颗粒。

称出各号筛的筛余量，精确至1g。

2.结果计算与评定

计算分计筛余百分率：各号筛的筛余量与试样总质量之比，计算精确至0.1%。

计算累计筛余百分率：该号筛的筛余百分率加上该号筛以上各分计筛余百分率之和，精确至于1%。

筛分后，如每号筛的累计筛余百分率与筛底的剩余量之和同原试样质量之差超过1%，需要重新做试验。

根据各号筛的累计筛余百分率，评定该试样的颗粒级配。

（二）含泥量

1.试验步骤

按表5-5规定的数量取样，并将试样缩分至略大于表5-13规定的数量，放在烘箱中于（105±5℃）下烘干至恒量，待冷却至室温后，分为大致相等的两份备用。

恒量系指试样在烘干1~3h的情况下，其前后质量之差不大于该项试验所要求的质量精度。

含泥量试验所需试样数量　　表5-13

最大粒径（mm）	9.5	16.0	19.0	26.5	31.5	37.5	63.0	75.0
最少试样质量（kg）	2.0	2.0	6.0	6.0	10.0	10.0	20.0	20.0

称取按表5-13规定数量的试样一份，精确到1g。将试样放入淘洗容器中，注入清水，使水面高于试样上表面约150mm，充分搅拌均匀后，浸泡2h，然后用手在水中淘洗试样，便尘屑、淤泥和黏土与石子颗粒分离，把浑水缓缓倒入1.18mm及75μm组成的套筛上（1.18mm筛放在75μm的筛上面）滤去小于75μm的颗粒。试验前筛子的两面应先用水润湿。在整个试验过程中应小心防止大于75μm的颗粒流失。

再向容器中注入清水，重复上述操作，直至容器内的水目测清澈为止。

用水淋洗剩余在筛上的细粒，并将75μm筛放在水中（使水面略高出筛中石子颗粒的上表面）来回摇动，以充分洗掉小于75μm的颗粒，然后将两只筛上筛余的颗粒和清洗容器中已经洗净的试样一并倒入搪瓷盘中，置于烘箱中于（105±5）℃下烘干至恒量，待冷却至室温后，取出称出其质量，精确至1g。

2. 结果计算与评定

含泥量按式（5-6）计算，精确至0.1%：

$$Q_a = \frac{G_1 - G_2}{G_1} \times 100 \tag{5-6}$$

式中 Q_a——含泥量（%）；

G_1——试验前烘干试样的质量（g）；

G_2——试验后烘干试样的质量（g）。

含泥量取两次试验结果的算术平均值，精确至0.1%。

（三）泥块含量

1. 试验步骤

按表5-5规定的数量取样，并将试样缩分至略大于表5-13中规定的数量，放在烘箱中于（105±5）℃下烘干至恒量，待冷却至室温后，筛除小于4.75mm的颗粒，分为大致相等的两份备用。

称取按表5-13规定数量的试样一份，精确到1g。将试样倒入淘洗容器中，注入清水，使水面高于试样上表面。充分搅拌均匀后，浸泡24h。然后用手在水中碾碎泥块，再把试样放在

2.36mm 筛上，用水淘洗，直至容器内的水目测清澈为止。

保留下来的试样小心地从筛中取出，装入搪瓷盘后，放在烘箱中（105±5）℃下烘干至恒量，待冷却至室温后，称出其质量，精确到 1g。

2. 结果计算与评定

泥块含量按式（5-7）计算，精确至 0.1%：

$$Q_a = \frac{G_1 - G_2}{G_1} \times 100 \tag{5-7}$$

式中 Q_a——泥块含量（%）；

G_1——4.75mm 筛筛余试样的质量（g）；

G_2——试验后烘干试样的质量（g）。

泥块含量取两次试验结果的算术平均值，精确对 0.1%。

（四）针片状颗粒含量

1. 试验步骤

按表 5-5 规定的数量取样，并将试样缩分至略大于表 5-14 规定的数量，烘干或风干后备用。

针、片状颗粒含量试验所需试样数量 **表 5-14**

最大粒径（mm）	9.5	16.0	19.0	26.5	31.5	37.5	63.0	75.0
最少试样质量（kg）	0.3	1.0	2.0	3.0	5.0	10.0	10.0	10.0

称取按表 5-14 规定数量的试样一份，精确到 1g。然后按表 5-15、表 5-16 规定的粒级进行筛分。

针、片状颗粒含量试验的粒级划分及规准仪尺寸（mm） **表 5-15**

石子粒级	4.75~9.50	9.50~16.0	16.0~19.0	19.0~26.5	26.5~31.5	31.5~37.5
片状规准仪相对应孔宽	2.8	5.1	7.0	9.1	11.6	13.8
针状规准仪相对应间距	17.1	30.6	42.0	54.6	69.6	82.8

对于大于 37.5mm 颗粒针、片状颗粒含量试验粒级划分及其相应的卡尺卡口设定宽度应符合表 5-16 的规定。

大于 37.5mm 颗粒针、片状颗粒含量粒级划分卡尺卡口设定宽度（mm） **表 5-16**

石子粒级	37.5~53.0	53.0~63.0	63.0~75.0	75.0~90.0
检验片状颗粒的卡尺卡口设定宽度	18.1	23.2	27.6	33.0
检验针状颗粒的卡尺卡口设定宽度	108.6	139.2	165.6	198.0

对筛分后的粒级分别用规准仪或游标卡尺逐粒进行针状、片状颗粒筛选。凡颗粒长度大于以上两表中第二行数据中相应尺寸的颗粒，为针状颗粒；凡颗粒厚度小于以上两表中第一行数据中相应尺寸的颗粒，为片状颗粒。称取针状、片状颗粒的总质量，精确至 1g。

2. 结果计算

针片状颗粒含量按（5-8）式计算，精确至 1%：

$$Q_c = \frac{G_2}{G_1} \times 100 \tag{5-8}$$

式中 Q_c——针、片状颗粒含量（%）；

G_1——试样的质量（g）；

G_2——试样中所含针片状颗粒的总质量（g）。

（五）压碎指标值

1. 试验步骤

按表 5-5 规定的数量取样，风干后筛除大于 19.0mm 及小于 9.50mm 的颗粒，并去除针片状颗粒，分为大致相等的三份备用。

称取试样 3000g，精确至 1g。将试样分两层装入圆模（置于底盘上）内，每装完一层试样后，在底盘下面垫放一直径为 10mm 的圆钢，将筒按住，左右交替在地面颠击各 25 次，两层颠实后，平整模内试样表面，盖上压头。

当试样中粒径在 9.50~19.0mm 之间的颗粒不足时，允许将粒径大于 19.0mm 的颗粒破碎成粒径在 9.50 ~ 19.0mm 之间的颗粒用作压碎指标值试验。

当圆模装不下 3000g 试样时，以装至距圆模上口 10mm 为准。

把装有试样的模子置于压力机上，开动压力试验机，按 1kN/s 速度均匀加荷至 200kN 并稳荷 5s，然后卸荷。取下加压头，倒出试样，用孔径 2.36mm 的筛筛除被压碎的细粒，称出留在筛上的试验质量，精确至 1g。

2. 结果计算与评定

压碎指标值按式（5-9）计算，精确至 0.1%：

$$Q_e = \frac{G_1 - G_2}{G_1} \times 100 \tag{5-9}$$

式中　Q_e——压碎指标值（%）；

G_1——试样的质量（g）；

G_2——压碎试验后筛余的试样质量（g）。

压碎指标值取三次试验结果的算术平均值，精确至 1%。

第三节　水　　泥

一、常用水泥的品种、强度等级

常用水泥有硅酸盐水泥、普通硅酸盐水泥、矿渣硅酸盐水泥、火山灰质硅酸盐水泥、粉煤灰硅酸盐水泥、复合硅酸盐水泥等。各种水泥的强度等级划分见表 5-17。

常用水泥的品种、强度　　**表 5-17**

水泥品种	强度等级					
硅酸盐水泥	42.5	42.5R	52.5	52.5R	62.5	62.5R
普通硅酸盐水泥	32.5	32.5R	42.5	42.5R	52.5	52.5R
矿渣硅酸盐水泥	32.5	32.5R	42.5	42.5R	52.5	52.5R

续表

水泥品种	强 度 等 级					
火山灰质硅酸盐水泥	32.5	32.5R	42.5	42.5R	52.5	52.5R
粉煤灰硅酸盐水泥	32.5	32.5R	42.5	42.5R	52.5	52.5R
复合硅酸盐水泥	32.5	32.5R	42.5	42.5R	52.5	52.5R

二、依据标准

《硅酸盐水泥、普通硅酸盐水泥》(GB175—1999)

《矿渣硅酸盐水泥、火山灰质硅酸盐水泥与粉煤灰硅酸盐水泥》(GB1344—1999)

《复合硅酸盐水泥》(GB12958—1999)

《水泥胶强度检验方法(ISO)法》(GB/T17671—1999)

《水泥细度检验方法(筛析法)》(GB/T1345—2005)

《水泥比表面积试验方法(勃氏法)》(GB8074—87)

《水泥标准稠度用水量、凝结时间、安定性检验方法》(GB/T1346—2001)

《水泥胶砂流动度测定方法》(GB2419—1994)

三、组批和取样规定

(一) 组批规定

水泥出厂前按同品种、同强度等级编号和取样，袋装水泥和散装水泥应分别进行编号和取样。每一编号为一取样单位。水泥出厂编号按水泥厂年生产能力规定:

120 万 t 以上，不超过 1200t 为一编号;

60 万 t 以上至 120 万 t，不超过 1000t 为一编号;

30 万 t 以上至少 60 万 t，不超过 600t 为一编号;

10 万 t 以上至 30 万 t，不超过 400t 为一编号;

10 万 t 以下，不超过 200t 为一编号。

当散装水泥运输工具的容量超过该厂规定出厂编号吨数时，允许该编号的数量超过取样规定吨数。

（二）取样方法和数量

水泥取样按照编号进行，每一个编号为一个取样单位，两个以上的编号不得混合取样。

取样时应有代表性，可连续取，亦可从 20 个以上不同部位取等量样品，总量至少 12kg。

四、主要检验项目及技术指标

（一）主要检验项目：水泥胶砂强度、安定性、凝结时间。

（二）技术指标：

1. 硅酸盐水泥、普通硅酸盐水泥

（1）不溶物：Ⅰ型硅酸盐水泥中不溶物不得超过 0.75%，Ⅱ型硅酸盐水泥中不溶物不得超过 1.50%。

（2）氧化镁：水泥中氧化镁的含量不宜超过 5.0%。如果水泥经压蒸安定性试验合格，则水泥中氧化镁含量允许放宽到 6.0%。

（3）三氧化硫：水泥中三氧化硫的含量不得超过 3.5%

（4）烧失量：Ⅰ型硅酸盐水泥中烧失量不得大于 3.0%，Ⅱ型硅酸盐水泥中烧失量不得大于 3.5%。普通水泥中烧失量不得大于 5.0%。

（5）细度：硅酸盐水泥比表面积大于 $300m^2/kg$，普通水泥 80μm 方孔筛筛余不得超过 10.0%。

（6）凝结时间：硅酸盐水泥初凝不得早于 45min，终凝不得迟于 6.5h。普通水泥初凝不得早于 45min，终凝不得迟于 10h。

（7）安定性：用沸煮法检验必须合格。

（8）强度：水泥强度等级按规定龄期的抗压强度和抗折强度来划分，各强度等级水泥的各龄期强度不得低于表 5-18 中规定的数值。

（9）碱：水泥中碱含量按 $Na_2O + 0.658K_2O$ 计算值来表示。

若使用活性骨料、用户要求提供低碱水泥时，水泥中碱含量不得大于0.60%，或由供需双方商定。

硅酸盐水泥、普通硅酸盐水泥抗压强度和抗折强度　　表5-18

品　种	强度等级	抗压强度（MPa）		抗折强度（MPa）	
		3d	28d	3d	28d
硅酸盐水泥	42.5	17.0	42.5	3.5	6.5
	42.5R	22.0	42.5	4.0	6.5
	52.5	23.0	52.5	4.0	7.0
	52.5R	27.0	52.5	5.0	7.0
	62.5	28.0	62.5	5.0	8.0
	62.5R	32.0	62.5	5.5	8.0
普通硅酸盐水泥	32.5	11.0	32.5	2.5	5.5
	32.5R	16.0	32.5	3.5	5.5
	42.5	16.0	42.5	3.5	6.5
	42.5R	21.0	42.5	4.0	6.5
	52.5	22.0	52.5	4.0	7.0
	52.5R	26.0	52.5	5.0	7.0

2. 矿渣硅酸盐水泥、火山灰质硅酸盐水泥、粉煤灰硅酸盐水泥、复合硅酸盐水泥

(1) 氧化镁：熟料中氧化镁的含量不宜超过5.0%。如果水泥经压蒸安定性试验合格，则熟料中氧化镁的含量允许放宽到6.0%。

当熟料中氧化镁的含量为5.0%~6.0%时，如矿渣水泥中混合材料总掺量大于40%或火山灰水泥和粉煤灰水泥中混合材料掺量大于30%而制成的水泥可不做压蒸试验。

(2) 三氧化硫：矿渣水泥中三氧化硫含量不得超过4.0%。火山灰水泥、粉煤灰水泥、复合水泥中三氧化硫不得超过3.5%。

(3) 细度：

80μm方孔筛筛余不得超过10.0%。

（4）凝结时间：初凝不得早于45min，终凝不得迟于10h。

（5）安定性：用沸煮法检验必须合格。

（6）强度：水泥强度等级按规定龄期的抗压强度和抗折强度来划分，各强度等级水泥的各龄期强度不得低于表5-19中规定的数值。

矿渣水泥、火山灰水泥、粉煤灰水泥和复合水泥强度　　表5-19

强度等级	抗压强度（MPa）		抗折强度（MPa）	
	3d	28d	3d	28d
32.5	10.0（11.0）	32.5	2.5	5.5
32.5R	15.0（16.0）	32.5	3.5	5.5
42.5	15.0（16.0）	42.5	3.5	6.5
42.5R	19.0（21.0）	42.5	4.0	6.5
52.5	21.0（22.0）	52.5	4.0	7.0
52.5R	23.0（26.0）	52.5	4.5（5.0）	7.0

注：括号中数值为复合水泥的强度值。

（7）碱：水泥中碱含量按 $Na_2O + 0.658K_2O$ 计算来表示。当使用活性骨料要限制水泥中的碱含量时，由供需双方商定。

五、试验方法

水泥试验应在温度为20±2℃，相对湿度大于50%的室内。

（一）水泥胶砂强度试验

1.搅拌成型

成型前将试模擦净，四周模板与底座接触面外接缝上应涂黄干油，紧密装备，防止漏浆，内壁均匀涂刷一层薄机油或模型油。

水泥与标准砂重量比为1∶3。水灰比按水泥品种固定，对硅酸盐水泥、普通硅酸盐水泥、矿渣硅酸盐水泥、粉煤灰水泥、复合硅酸盐水泥为0.5。每成型三条试件需称量水泥重为450g。

掺有火山灰质混合材料的普通水泥、矿渣水泥及火山灰水泥应先按照 GB2419《水泥胶砂流动度测定方法》测定流动度，只有当流动度不小于 116mm 时方可采用。流动度小于 116mm 的，须以 0.01 的整倍数递增方法将水灰比调整至胶砂流动度达到不小于 116mm。

把水加入锅里，再加入水泥，把锅放在固定架上，上升至固定位置。然后立即开动机器，低速搅拌 30s 后，在第二个 30s 开始的同时均匀地将砂子加入，当各级砂是分装时，从最粗粒级开始，依次将所需的每级砂量加完。把机器调至高速再拌 30s。停拌 90s，在第 1 个 15s 内用一胶皮刮具将叶片和锅壁上的胶砂刮入锅中间。在高速下继续搅拌 60s。各个搅拌阶段，时间误差应在 ± 1s 以内。

胶砂制备后立即进行成型。将试模和模套固定在振实台上，用一个适当勺子直接从搅拌锅里将胶砂分两层装入试模，装第一层时，每个槽里约放 300g 胶砂，用大播料器垂直架在模套顶部，沿每个模槽来回一次将料层播平，接着振实 60 次。再装入第二层胶砂，用小播料器播料，再振实 60 次。移走模套，从振实台上取下试模，用一金属直尺以近似 90°的角度架在试模模顶的一端，然后沿试模长度方向以横向锯割动作慢慢向另一端移动，一次将超过试模部分的胶砂刮去，并用同一直尺以近乎水平的情况下将试体表面抹平。

在试模上作标记或加字条标明试件编号和试件相对于振实台的位置。编号时应将试模中的三条试件分在两个以上的龄期内。

2. 养护

编号后将试件放入养护箱或养护室内养护到规定的脱模时间时取出脱模，试体脱模后立即放入水槽中养护，试体之间间隔或试体上表面的水深不得小于 5cm。养护期间不允许将水全部换掉，只能往里加水保持适当的恒定水位。养护水温度 20 ± 1℃，养护箱温度 20 ± 1℃。每个养护池只能养护同类型的水泥。

3. 强度试验

各龄期的试体必须在下列时间内进行强度试验：

龄期	1天	24h ± 15min
	2天	48h ± 30min
	3天	72h ± 45min
	7天	7d ± 2h
	28天	28天 ± 8h

试体从水中取出后，在强度试验前应用湿布覆盖。

除24h龄期或延迟至48h脱模的试体外，任何到龄期的试体应在试验破型前15min，从水中取出，揩去试体表面沉积物，并用湿布覆盖直至试验为止。

（1）抗折强度试验

将试体的一个侧面放在试验机的支撑圆柱上，试体长轴垂直于支撑圆柱，通过加荷圆柱以50 ± 10N/s的速率均匀地将荷载垂直地加在棱柱体相对侧面上，直至折断。

保持两个半截棱柱体处于潮湿状态直至抗压试验。

抗折强度按式（5-10）计算：

$$R_f = \frac{1.5 F_f L}{b^3} \tag{5-10}$$

式中 R_f——抗折强度（MPa）；

F_f——折断时施加于棱柱体中部的荷载（kN）；

L——支撑圆柱之间的距离（mm）；

b——棱柱体正方形截面的边长（mm）。

抗折强度计算结果精确到0.1MPa，抗折强度以一组三个棱柱体抗折结果的平均值作为试验结果。当三个强度值中有超过平均值的±10%时应剔除后再取平均值为抗折强度试验结果。

（2）抗压强度试验

抗压强度试验在半截棱柱体的侧面上进行。在整个加荷过程中以2400 ± 200N/s的速率均匀地加荷至破坏。

抗压强度按式（5-11）计算：

$$R_e = \frac{F_e}{A} \tag{5-11}$$

式中　R_e——抗压强度（MPa）；

F_e——破坏时的最大荷载（kN）；

A——受压部分面积（mm^2）（$40mm \times 40mm = 1600mm^2$）

抗压强度计算结果精确到0.1MPa，以一组三个棱柱体得到的六个抗压强度测定值的算数平均值为试验结果。

如六个测定值中有一个超出六个平均值的±10%，就应剔除这个结果，而以剩下五个的平均数为结果。如果五个测定值中再有超过它们平均数±10%的则此组结果作废。

（二）标准稠度用水量的测定（标准法）

1. 试验前必须做到：

1）维卡仪的金属棒能自由滑动

2）调整至试杆接触玻璃板时指针对准零点

3）搅拌机运行正常

2. 水泥净浆的拌制

用水泥净浆搅拌机搅拌。搅拌锅搅拌叶片先用湿布擦过，将拌合水倒入搅拌锅内，然后在5～10s内小心将称好的500g水泥加入水中，防止水和水泥溅出；拌合时，先将锅放在搅拌机的锅座上，升至搅拌位置，启动搅拌机，低速搅拌120s，停15s，同时将叶片和锅壁上的水泥浆刮入锅中间，接着高速搅拌120s停机。

3. 标准稠度用水量的测定步骤

拌合结束后，立即将拌制好的水泥浆装入已置于玻璃板上的试模中，用小刀插捣，轻轻振动数次，刮去多余的净浆；抹平后迅速将试模和底板移到维卡仪上，并将其中心定在试杆下，降低试杆直至与水泥净浆表面接触，拧紧螺丝1～2s后，突然放松，使试杆垂直自由地沉入水泥净浆中。在试杆停止沉入或释放试杆30s时记录试杆距底板之间的距离，升起试杆后，立即擦净；整个操作应在搅拌后1.5min内完成。以试杆沉入净浆并距底板6±

1mm 的水泥净浆为标准稠度净浆。其拌合水量为该水泥的标准稠度用水量（P），按水泥质量的百分比计。

（三）凝结时间的测定

测定前准备工作：调整凝结时间测定仪的试针接触玻璃板时，指针对准零点。

试件的准备：以标准稠度用水量制成标准稠度净浆并一次装满圆模，振动数次刮平，立即放入湿气养护箱中。记录水泥全部加入水中的时间作为凝结时间的起始时间。

初凝时间的测定：试件在湿汽养护箱中养护至加水后 30min 时进行第一次测定。测定时，从湿汽养护箱中取出圆模放到试针下，降低试针与水泥净浆表面接触。拧紧螺丝 1～2s 后，突然放松，试针垂直自由地沉入水泥净浆。观察试针停止下沉或释放试针 30s 时指针的读数。当试针沉至距底板 4±1mm 时，为水泥达到初凝状态；由水泥全部加入水中至初凝状态的时间为水泥的初凝时间，用“min”表示。

终凝时间的测定：为了准确观测试针沉入的状况，在终凝针上安装了一个环形附件。在完成初凝时间测定后，立即将圆模连同浆体以平移的方式从玻璃板取下，翻转 180°，直径大端向上，小端向下放在玻璃板上，再放入湿汽养护箱中继续养护，临近终凝时间每隔 15min 测定一次，当试针沉入试体 0.5mm 时，即环形附件开始不能在试体上留下痕迹时，为水泥达到终凝状态。由水泥全部加入水中至终凝状态的时间为水泥的结凝时间，用“min”表示。

测定时应注意，在最初测定的操作时应轻轻扶持金属柱，使其徐徐下降，以防试针撞弯，但结果以自由下落为准；在整个测试过程中试针沉入的位置至少要距圆模内壁 10mm。临近初凝时，每隔 5min 测定一次，临近终凝时每隔 15min 测定一次，到达初凝或终凝时应立即重复测一次，当两次结论相同时才能定为到达初凝或终凝状态。每次测定不能让试针落入原针孔，每次测试完毕须将试针擦净并将试模放回湿汽养护箱内，整个测试过程要防止试模受振。

（四）安定性的测定（标准法）

1. 测定前的准备工作

每个试样需成型两个试件，每个雷氏夹需配备质量约75～85g的玻璃板两块，凡与水泥净浆接触的玻璃板和雷氏夹内表面都要稍微涂上一层油。

2. 雷氏夹试件的成型

将预先准备好的雷氏夹放在已稍擦油的玻璃板上，并立即将已制好的标准稠度净浆一次装满雷氏夹，装浆时一只手轻轻扶持雷氏夹，另一只手用宽约10mm的小刀插捣数次，然后抹平，盖上稍涂油的玻璃板，接着立即将试件移至湿汽养护箱内养护24±2h。

3. 沸煮

调整好沸煮箱内的水位，使能保证在整个沸煮过程中都超过试件，不需中途添补试验用水，同时又能保证在30±5min内升至沸腾。

脱去玻璃板取下试件，先测量雷氏夹指针尖端间的距离(A)，精确到0.5mm，接着将试件放入沸煮箱水中的试件架上，指针朝上，然后在30±5min内加热至沸腾并恒沸180±5min。

结果判别：沸煮结束后，立即放掉沸煮箱中的热水，打开箱盖，待箱体冷却至室温，取出试件进行判别。测量雷氏夹指针尖端的距离（C），准确至0.5mm，当两个试件煮后增加距离（$C-A$）的平均值不大于5.0mm时，即认为该水泥安定性合格，当两个试件的（$C-A$）值相差超过4.0mm时，应用同一样品立即重做一次试验。再如此，则认为该水泥安定性不合格。

（五）标准稠度用水量的测定（代用法）

1. 试验前必须做到

维卡仪的金属棒能自由滑动；

调整至试锥接触试模顶面时指针对准零点；

搅拌机运行正常。

2. 水泥净浆的拌制前面规定

3. 标准稠度的测定

(1) 采用代用法测定水泥标准稠度用水量可用调整水量和不变水量两种方法的任一种测定。

采用调整水量方法时拌合水量按经验使用水量，采用不变水量方法时拌合水量用142.5mL。

(2) 拌合结束后，立即将拌制好的水泥净浆装入锥模中，用小刀插捣，轻轻振动数次，刮去多余的净浆；抹平后迅速放到试锥下面固定的位置上，将试锥降至净浆表面，拧紧螺丝1～2s后，突然放松，让试锥垂直自由地沉入水泥净浆中。到试锥停止下沉或释放试锥30s时记录试锥下沉深度。整个操作应在搅拌后1.5min内完成。

(3) 用调整水量方法测定时，以试锥下沉深度28±2mm时的净浆为标准稠度净浆。其拌合水量为该水泥的标准稠度用水量(P)，按水泥质量的百分比计。如下沉深度超出范围需另称试样，调整水量，重新试验，直至达到28±2mm为止。

(4) 用不变水量方法测定时，根据测得的试锥下沉深度S(mm)按式(5-12)(或仪器上对应标尺)计算得到标准稠度用水量P(%)。

$$P = 33.4 - 0.185S \tag{5-12}$$

当试锥下沉深度小于13mm时，应改用调整水量法测定。

(六) 安定性的测定(代用法)

1. 测定前的准备工作

每个样品需准备两块约100mm×100mm的玻璃板，凡与水泥净浆接触的玻璃板都要稍稍涂上一层油。

2. 试饼的成型方法

将制好的标准稠度净浆取出一部分分成两等份，使之呈球形，放在预先准备好的玻璃板上，轻轻振动玻璃板并用湿布擦过的小刀由边缘向中间抹，做成直径70～80mm、中心厚约10mm、边缘渐薄、表面光滑的试饼，接着将试饼放入湿汽养护箱内养护24±2h。

3. 沸煮

调整好沸煮箱内的水位，使能保证在整个沸煮过程中都超过试件，不需中途添补试验用水，同时又能保证在 30 ± 5min 内升至沸腾。

脱去玻璃板，取下试饼，在试饼无缺陷的情况下将试饼放在沸煮箱水中的箅板上，然后在 30 ± 5min 内加热至沸腾并恒沸 180 ± 5min。

结果判别：沸煮结束后，立即放掉沸煮箱中的热水，打开箱盖，待箱体冷却至室温，取出试件进行判别。目测试饼未发现裂缝，用钢直尺检查也没有弯曲（使钢直尺和试饼底部紧靠，以两者间不透光为不弯曲）的试饼为安定性合格，反之为不合格。当两个试饼判别结果有矛盾时，该水泥的安定性为不合格。

（七）胶砂流动度测定

胶砂制备：一次试验应称取的材料数量，水泥 300g，标准砂 750g，水按预定的水灰比进行计算。胶砂搅拌方法与水泥胶砂强度检验方法相同。

在拌合胶砂的同时，用湿布抹擦跳桌台面、捣棒、截锥圆模和套模内壁，并把它们置于玻璃板中心，盖上湿布。

将拌好的水泥胶砂迅速地分两层装入模内，第一层装至圆锥模高的三分之二，用小刀在垂直的两个方向上各划实十余次，再用圆柱捣棒自边缘至中心均匀捣压 15 次。接着装第二层胶砂，装至高出圆模约 2cm，同样用小刀划实 10 次，再用圆柱捣棒自边缘至中心均匀捣压 10 次，捣压深度，第一层捣压胶砂高度 1/2，第二层捣至不超过已捣实的底层表面（装胶砂与捣实用手将截锥圆模扶持不要移动）。

捣实完毕，取下模套，用小刀由中间分两次将高出截锥圆模的胶砂刮去并抹平，抹平后将圆模垂直向上轻轻提起，手握手轮摇柄连续摇动 30 转（每秒摇一转）在 30 ± 1s 内完成。

跳动完毕，用卡尺测量水泥胶砂底部最大扩散的直径，取相互垂直的两直径的平均值为水泥胶砂流动度，用毫米表示。

流动度试验，从胶砂拌合开始到测量扩散直径结束，须在5min内完成。

（八）细度（筛析法）

1. 试验准备

试验前所用试验筛应保持清洁，负压筛和手工筛应保持干燥。试验时，80μm筛析试验称取试样25g，45μm筛析试验称取试样10g。

2. 负压筛析法

试验前应将负压筛放在筛座上，盖上筛盖，接通电源，检查控制系统，调节负压至4000～6000kPa范围内。

称取试样，精确至0.01g，置于洁净的负压筛中，放在筛座上，盖上筛盖，接通电源，开动筛析仪连续筛析2min，在此期间如有试样附着在筛盖上，可轻轻地敲击筛盖使试样落下。筛毕，用天平称量全部筛余物。

3. 水筛法

筛析试验前，应检查水中物泥砂，调整好水压及水筛架的位置，使其能正常运转，并控制喷头底面与筛网之间的距离为35～75mm。

称取试样，精确至0.01g，置于洁净的水筛中，立即用淡水冲洗至大部分细粉通过后，放在水筛架上，用水压0.05±0.02MPa的喷头连续冲洗3min。筛毕，用少量水把筛余物冲至蒸发皿中，等颗粒全部沉淀后，小心倒出清水，烘干并用天平称量全部筛余物。

4. 手工筛析法

称取试样，精确至0.01g，倒入手工筛中。

用一只手持筛往复摇动，另一只手轻轻拍打，往复摇动和轻轻拍打过程应保持近于水平。拍打速度每分钟约120次，每40次向同一方向转动60°;，使样品均匀分布在筛网上，直至每分钟通过的样品量不超过0.03g为止。称量全部筛余物。

5. 结果计算与处理

1）计算

筛余百分数按式（5-13）计算：

$$F = \frac{R}{W} \times 100 \tag{5-13}$$

式中 F——样品的全部筛余数（%）；

R——筛余物的质量（g）；

W——样品的质量（g）。

2）修正

试验筛的筛网会在试验中磨损，因此筛析结果应进行修正。修正的方法是将计算的结果乘以试验筛的有效修正系数，得到最终结果。

合格评定时，每个样品应测两次，取平均值。若两次筛分结果绝对误差大于 0.5% 时（筛余值大于 5.0% 时，可放宽至 1.0%）应再做一次试验，取两个相近结果的平均值为最终结果。

第四节 石 灰

一、依据标准

《公路工程无机结合料稳定材料试验规程》（JTJ057—1994）；

《公路路面基层施工技术规范》（JTJ034—2000）；

《建筑生石灰》（JC/T479—1992）。

二、组批和取样规定

（一）建筑生石灰的组批规定：日产量 200t 以上，每批量不大于 200t；日产量不足 200t，每批量不大于 100t；日产量不足 100t，每批量不大于日产量。

（二）取样规定

每批抽样 3 个，每个点的取样量不少于 2kg，试样在采集后应贮存于密封容器中，密封后贴上标签注明：产品名称、批号、生产日期、取样地点，送交化验室。

三、技术要求

石灰技术指标应符合表5-20的规定。应尽量缩短石灰的存放时间。石灰在野外堆放时间较长时，应覆盖防潮。

石灰的技术指标 **表5-20**

项目 \ 指标 \ 类别	钙质生石灰			镁质生石灰			钙质消石灰			镁质消石灰		
	等级											
	Ⅰ	Ⅱ	Ⅲ	Ⅰ	Ⅱ	Ⅲ	Ⅰ	Ⅱ	Ⅲ	Ⅰ	Ⅱ	Ⅲ
有效钙加氧化镁含量（%）	≥85	≥80	≥70	≥80	≥75	≥65	≥65	≥60	≥55	≥60	≥55	≥50
未消化残渣含量（5mm圆孔筛的筛余,%）	≤7	≤11	≤17	≤10	≤14	≤20						
含水量（%）							≤4	≤4	≤4	≤4	≤4	≤4
细度 0.71mm方孔筛的筛余（%）							0	≤1	≤1	0	≤1	≤1
细度 0.125mm方孔筛的累计筛余（%）							≤13	≤20	—	≤13	≤20	—
钙镁石灰的分类界限，氧化镁含量（%）	≤5			>5			≤4			>4		

注：(1) 硅、铝、镁氧化物含量之和大于5%的生石灰，有效钙加氧化镁含量指标，Ⅰ等≥75%，Ⅱ等≥70%，Ⅲ等≥60%；未消化残渣含量指标与镁质生石灰指标相同。

(2) 所检项目技术指标达到以上表中相应等级时判定为该等级，有一项指标低于合格品要求时，判为不合格品，用户对产品质量发生异议时重新取样，送交质量监督部门进行复验。

四、试验方法

(一) 有效氧化钙的测定

1. 试验步骤

称取约 0.5g（用减量法称，准确至 0.0005g）试样，放入干燥的 250mL 具塞三角瓶中，取 5g 蔗糖覆盖在试样表面，投入干玻璃珠 15 粒，迅速加入新煮沸并已冷却的蒸馏水 50mL，立即加塞振荡 15min（如有试样结块或粘于瓶壁现象，则应重新取样）。打开瓶塞，用水冲洗瓶塞及瓶壁，加入 2～3 滴酚酞指示剂，以 0.5N 盐酸标准溶液滴定（滴定速度以每秒 2～3 滴为宜），至溶液的粉红色显著消失并在 30s 内不再复现即为终点。

2. 计算

有效氧化钙的百分含量（X_1）按式（5-14）计算：

$$X_1 = \frac{V \times N \times 0.028}{G} \times 100 \tag{5-14}$$

式中 V——滴定时消耗盐酸标准溶液的体积（mL）；

0.028——氧化钙毫克当量；

G——试样质量（g）；

N——盐酸标准溶液当量浓度。

3. 精密度或允许误差

对同一石灰样品至少应做两个试样和进行两次测定，并取两次结果的平均值代表最终结果。

（二）有效氧化镁的测定

1. 试验步骤

称取约 0.5g（准确至 0.0005g）试样，放入 250mL 烧杯中，用水湿润，加 30mL1∶10 盐酸，用表面皿盖住烧杯，加热近沸并保持微沸 8～10min。用水把表面皿洗净，冷却后把烧杯内的沉淀及溶液移入 250mL 容量瓶中，加水至刻度摇匀。待溶液沉淀后，用移液管吸取 25mL 溶液，放入 250mL 三角瓶中，加 50mL 水稀释后，加酒石酸钾钠溶液 1mL、三乙醇胺溶液 5mL，再加入铵-铵缓冲溶液 10mL、酸性铬兰 K-萘酚绿 B 指示剂约 0.1g。用EDTA 二钠标准溶液滴定至溶液由酒红色变为纯蓝色时即为终点，记下耗用 EDTA 标准溶液体积 V_1。

再从同一容量瓶中，用移液管吸取25mL溶液，置于300mL三角瓶中，加水150mL稀释后，加三乙醇胺溶液5mL及20%氢氧化钠溶液5mL，放入约0.1g钙指示剂。用EDTA二钠标准溶液滴定，至溶液由酒红色变为纯蓝色即为终点，记下耗用EDTA二钠标准溶液体积V_2。

2. 计算

氧化镁的百分含量（X_2）按式（5-15）计算：

$$X_2 = \frac{T_{MgO}(V_1 - V_2) \times 10}{G \times 1000} \times 100 \tag{5-15}$$

式中 T_{MgO}——EDTA二钠标准溶液对氧化镁的滴定度；

V_1——滴定钙、镁含量消耗EDTA二钠标准溶液体积（mL）；

V_2——滴定钙消耗EDTA二钠标准溶液体积（mL）；

10——总溶液对分取溶液的体积倍数；

G——试样质量（g）。

3. 精密度或允许偏差

对同一石灰样品至少应做两个试样和进行两次测定，取两次测定结果的平均值代表最终结果。

（三）有效氧化钙和氧化镁合量的简易测定方法

1. 试验步骤

迅速称取石灰试样0.8～1.0g（准确至0.0005g）放入300mL三角瓶中。加入150mL新煮沸并已冷却的蒸馏水和10颗玻璃珠。瓶口上插一短颈漏斗，加热5min，但勿使沸腾，迅速冷却。滴入酚酞指示剂2滴，在不断摇动下以盐酸标准液滴定，控制速度为每秒2～3滴，至粉红色完全消失，稍停，又出现红色，继续滴入盐酸，如此重复几次，直至5min内不出现红色为止。如滴定过程持续半小时以上，则结果只能作参考。

2. 有效氧化钙和氧化镁合量按式（5-16）计算

$$(CaO + MgO)\% = \frac{V \times N \times 0.028}{G} \times 100 \tag{5-16}$$

式中 V——滴定消耗盐酸标准液的体积（mL）；

N——盐酸标准液的当量浓度；

G——样品质量（g）。

0.028——氧化钙的毫克当量。因氧化镁含量较少，并且两者之毫克当量相差不大，故有效（CaO + MgO）（%）的毫克当量都以 CaO 的毫克当量计算。

3. 精密度或允许误差

对同一石灰样品至少应做两个试样和进行两次测定，并取两次测定结果的平均值代表最终结果。

（四）细度试验

1. 试验步骤

称取试样 50g，倒入 0.71mm、0.125mm 方孔筛内进行筛分。筛分时一只手握住筛，并用手轻轻敲打，在有规律的间隔中，水平旋转试验筛，并在固定的基座上轻敲试验筛，用羊毛刷轻轻地从筛上面刷，直至 2min 内通过量小于 0.1g 时为止。分别称量筛余物质量 m_1、m_2。

2. 结果计算

筛余百分含量（X_1）、（X_2）按式（5-17）、式（5-18）计算：

$$X_1 = m_1 / m \times 100 \tag{5-17}$$

$$X_2 = (m_1 + m_2) / m \times 100 \tag{5-18}$$

式中 X_1——0.71mm 方孔筛筛余百分含量（%）；

X_2——0.125mm 方孔筛、0.71mm 方孔筛，两筛上的总筛余百分含量（%）；

m_1——0.71mm 方孔筛筛余物质量（g）；

m_2——0.125mm 方孔筛筛余物质量（g）；

m——样品质量（g）。

计算结果保留小数点后两位。

（五）未消化残渣含量

1. 试验步骤

将4kg试样破碎全部通过20mm圆孔筛，其中小于5mm以下粒度的试样量不大于30%，混均，备用，或将生石灰粉样混均即可。

称取已制备好的生石灰试样1kg倒入装有2500mL（20±5℃）清水的筛筒（筛筒置于外筒内）。盖上盖，静置消化20min，用圆木棒连续搅动2min，继续静置消化40min，再搅动2min。提起筛筒用清水冲洗筛筒内残渣，至水流不浑浊（冲洗用清水仍倒入筛内，水总体积控制在3000mL），将渣移入搪瓷盘（或蒸发皿）内，在100~105℃烘箱中，烘干至恒重，冷却至室温后用5mm圆孔筛筛分，称量筛余物，计算未消化残渣含量。

2. 未消化残渣百分含量按式（5-19）计算：

$$X_4 = m_3 / m \times 100 \tag{5-19}$$

式中 X_4——未消化残渣含量（%）；

m_3——未消化残渣质量（g）；

m——样品质量（g）。

以上计算结果保留小数点后两位。

第五节 矿 粉

一、依据标准

《公路工程集料试验规程》（JTG E42—2005）；

《公路土工试验规程》（JTJ051—1993）。

二、检测项目及质量要求

1. 检测项目

筛分、密度、塑性指数、亲水系数，加热安定性。

2. 质量要求见表5-21。

矿粉的质量要求　　表 5-21

指　　标	高速公路、一级公路 城市快速路、主干路	其他等级公路与城市道路
视密度　不小于　(t/m^3)	2.50	2.45
含水量　不大于　(%)	1	1
粒度范围　<0.6mm　(%)	100	100
<0.15mm　(%)	90~100	90~100
<0.075mm　(%)	75~100	70~100
外　　观	无团粒结块	
亲水系数	<1	

三、试验方法

(一) 矿粉筛分试验 (水洗法)

1. 试验步骤

将矿粉试样放入 105±5℃烘箱中烘干至恒重，冷却，称取 100g，精确至 0.1g。如有矿粉团粒存在，可用橡皮头研杵轻轻研磨粉碎。

将 0.075mm 筛装在筛底上，仔细倒入矿粉，盖上筛盖。手工轻轻筛分，至大体上筛不下去为止。留在筛底上的小于 0.075mm 部分可弃去。

除去筛盖和筛底，按筛孔大小顺序套成套筛。将存留在 0.075mm 筛上的矿粉倒回 0.6mm 筛上，在自来水龙头下方接一胶管，打开自来水，用胶管的水轻轻冲洗矿粉过筛，0.075mm 筛下部分任其流失、直至流出的水色清澈为止。水洗过程中，可以适当用手扰动试样，加速矿粉过筛，待上层筛冲干净后，取去 0.6mm 筛，接着从 0.3mm 筛或 0.15mm 筛上冲洗，但不得直接冲洗 0.075mm 筛。

自来水的水量不可太大、太急，防止损坏筛面或将矿粉冲出，水不得从两层筛之间流出，自来水龙头宜装有防水龙头。当现场缺乏自来水时，也可由人工浇水冲洗。

如直接在 0.075mm 筛上冲洗，将可能使筛面变形，筛孔堵塞，或者造成矿粉与筛面发生共振，不能通过筛孔。

分别将各筛上的筛余反过来用小水流仔细冲洗入各个搪瓷盘中，待筛余沉淀后，稍稍倾斜，仔细除去清水，放入 105℃烘箱中烘干至恒重。称取各号筛上的筛余量，准确至 0.1g。

2. 计算

各号筛上的筛余量除以试样总量的百分率，即为各号筛的分计筛余百分率，准确至 0.1%。用 100 减去 0.6mm、0.3mm、0.15mm、0.075mm 各筛的百分率，即为通过 0.075mm 筛余百分率，加上 0.075mm 筛的分计筛余百分率即为 0.15mm 筛的通过百分率，以此类推，计算出各号筛的通过百分率，准确至 0.1%。

3. 精密度或允许差

以两次平行试验结果的平均值作为试验结果。各号筛的通过率相差不得大于 2%。

（二）矿粉密度试验

1. 试验步骤

将代表性矿粉试样置于瓷皿中，在 105℃烘箱中烘干至恒重（一般不少于 6h），放入干燥器中冷却后，连同小牛角匙、漏斗一起准确称量（m_1），精确至 0.01g。矿粉质量应不少于 200g。

向密度瓶中注入蒸馏水，至刻度 0 ~ 1mL 之间，将密度瓶放入 20℃的恒温水槽中，静放至密度瓶中的水温不再变化为止（一般不少于 2h），读取密度瓶中水面的刻度（V_1），准确至 0.02mL。

用小牛角匙将矿粉试样通过漏斗徐徐加入密度瓶中，待密度瓶中水的液面上升至接近密度瓶的最大读数时为止，轻轻摇晃密度瓶，使瓶中的空气充分逸出。再次将密度瓶放入恒温水槽中，待温度不再变化时，读取密度瓶的读数（V_2），准确至 0.02mL。整个试验过程中，密度瓶中的水温变化不得超过 1℃。

准确称取牛角匙、瓷皿、漏斗及剩余矿粉的质量（m_2），至 0.01g。

对亲水性矿粉采用煤油作介质测定，方法相同。

2. 计算

按式（5-20），式（5-21）计算矿粉的密度和相对密度，至小数点后 3 位。

$$\rho_f = \frac{m_1 - m_2}{V_2 - V_1} \tag{5-20}$$

$$\gamma_f = \frac{\rho_f}{\rho_\omega'} \tag{5-21}$$

式中 ρ_f——矿粉的密度（g/cm³）；

γ_f——矿粉对水的相对密度，无量纲；

m_1——牛角匙、瓷皿、漏斗及试验前瓷器中矿粉的干燥质量（g）；

m_2——牛角匙、瓷皿、漏斗及试验后瓷器中矿粉的干燥质量（g）；

V_1——密度瓶加矿粉以前的初读数（mL）；

V_2——密度瓶加矿粉以后的终读数（mL）；

ρ_t——试验温度时水的密度，按表 5-22 取用。

不同水温时水的密度 ρ_t 　　**表 5-22**

水温（℃）	15	16	17	18	19	20
水的密度 ρ_t（g/cm³）	0.99913	0.99897	0.99880	0.99862	0.99843	0.99822
水温（℃）	21	22	23	24	25	
水的密度 ρ_t（g/cm³）	0.99802	0.99779	0.99756	0.99733	0.99702	

3. 精密度或允差

同一试样应平行试验两次，取平均值作为试验结果。两次试验结果的差值不得大于0.01。

（三）矿粉塑性指数试验

1. 试验步骤

（1）将矿粉等填料用0.6mm筛过筛，去除筛上部分。取0.6mm筛下的代表性试样200g，分别放入三个盛土皿中，加不同数量的蒸馏水，试样的含水量分别控制在液限（a点）、大于塑限（c点）和两者的中间状态（b点）。用调土刀调匀，盖上湿布，放置18h以上。测定a点的锥入深度应为20±0.2mm。测定c点的锥入深应控制在5mm以下。对于砂类土，测定c点的锥入深度可大于5mm。

（2）将制备的试样充分搅拌均匀，分层装入盛土杯，用力压密，使空气逸出。对于较干的试样，应先分搓揉，用调土刀反复压实。试杯装满后，刮成与杯边齐平。

（3）当用游标式或百分表式液限联合测定仪试验时，调平仪器，提起锥杆（此时游标或百分表读数为零），锥头上涂少许凡士林。

（4）将装好试样的试杯放在联合测定仪的升降座上，转动升降旋钮，待锥尖与土样表面刚好接触时停止升降，扭动锥下降旋钮，同时开动秒表，经5s时，松开旋钮，锥体停止下落，此时游标读数即为锥入深度h_1。

（5）改变锥尖与土接触位置（锥尖两次锥入位置距离不小于1cm），重复上述（3）和（4）步骤，得锥入深度h_2。h_1、h_2允许误差为0.5mm，否则，应重作。取h_1、h_2平均值作为该点的锥入深度h。

（6）去掉锥尖入试样处的凡士林，取10g以上的土样两个，分别装入称量盒内，称质量（准确至0.01g），测定其含水量ω_1、ω_2（计算到0.1%）。计算含水量平均值ω。

（7）重复本规程（2）至（6）步骤，对其他两个含水量试样进行试验，测其锥入深度和含水量。

(8) 用光电式或数码式液限塑限联合测定仪测定时，接通电源，调平机身，打开开关，提上锥体（此时刻度或数码显示应为零)。将装好试样的试杯放在升降座上，转动升降旋钮，试杯徐徐上升，土样表面和锥尖刚好接触，指示灯亮，停止转动旋钮，锥体立刻自行下沉，5s 时，自动停止下落，读数窗上或数码管上显示锥入深度。试验完毕，按动复位按钮，锥体复位，读数显示为零。

2. 结果整理

(1) 在二级双对数坐标纸上，以含水量 ω 为横坐标，锥入深度 h 为纵坐标，点绘 a、b、c 三点含水量 h-ω 图，连此三点应在同一直线上。如三点不在同一直线上，要通过 a 点与 b、c 两点连成两条直线，根据液限（a 点含水量）在 h_p-ω_L 图上查得 h_p，以此 h_p 再在 h-ω 图上的 ab 及 ac 两直线上求出相应的两个含水量，当两个含水量的差值小于 2% 时，以该两点含水量的平均值与 a 点连成一直线。当两个含水量的差值大于 2%时，应重做试验。

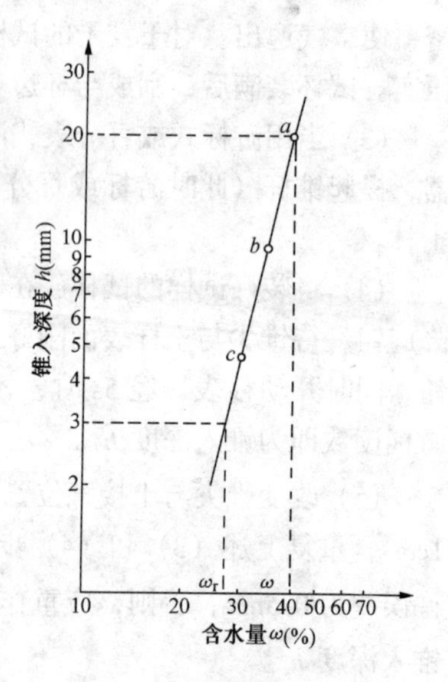

图 5-1 锥入深度与含水量（h-ω）关系图

(2) 在 h-ω 图上，查得纵标入土深度 $h = 20$mm 所对应的横坐标的含水量 W，即为该土样的液限 ω_L。

(3) 通过液限 ω_L 与塑限时入土深度 h_p 的关系曲线（图 5-2），查得 h_p，再由图 5-1 求出入土深度为 h_p 时所对应的含水量，即为该土样的塑限 ω_p。

查 $\omega_L - h_p$ 关系曲线时，用双曲线确定 h_p 值。

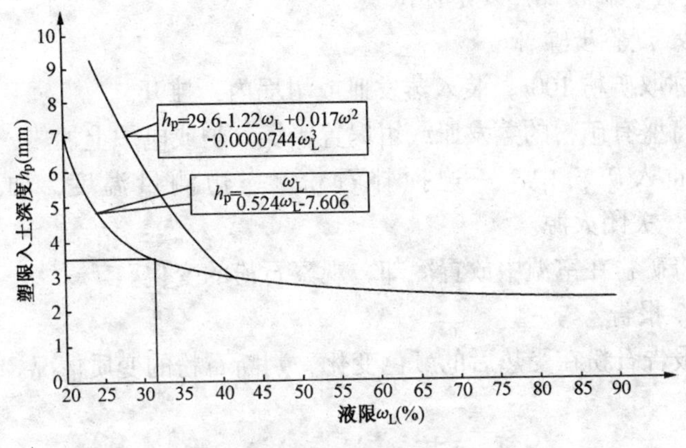

图 5-2　ω_L-h_p 关系图

（四）矿粉亲水系数试验

1. 试验步骤

称取烘干至恒重的矿粉 5g（准确至 0.01g），将其放在研钵中，加入 15mL～30mL 的蒸馏水，用橡皮研杵仔细磨 5min，然后用洗瓶把研钵中的悬浮液洗入量筒中，使量筒中的液面恰为 50mL，然后用玻璃棒搅和悬浮液。

用同样的方法将另一份同样重量的矿粉，用煤油仔细研磨后将悬浮液冲洗移入另一量筒中，液面亦为 50mL。

将上面两个量筒静置，使量筒内液体中的颗粒沉淀。

每天两次记录沉淀物的体积，直至体积不变为止。

2. 计算

亲水系数按式（5-22）计算：

$$\eta = V_B / V_H \tag{5-22}$$

式中　η——亲水系数，无量纲；

V_B——水中沉淀物体积（mL）；

V_H——煤油中沉淀物体积（mL）。

3. 平行测定两次，以两次测定值的平均值作为试验结果。

（五）矿粉加热安定性试验

1. 试验步骤

称取矿粉 100g，装入蒸发皿或坩埚内，摊开。

将盛有矿粉的蒸发皿或坩埚置于煤气炉或电炉上加热，将温度计插入矿粉中，一边搅拌石粉，一边测量温度，加热到 200℃，关闭火源。

将矿粉在室温中放置冷却，观察石粉的变化。

2. 报告

报告石粉在受热后的颜色变化，判断石粉的变质情况。

第六节　粉　煤　灰

一、依据标准

《水泥化学分析法》（GB/T176—1996）；
《水泥细度检验方法》（GB/T1345—2005）；
《用于水泥和混凝土中的粉煤灰》（GB/T1596—2005）；
《粉煤灰在混凝土和砂浆中应用技术规程》（GBJ28—1986）；
《公路路面基层施工技术规范》（JTJ034—2000）。

二、组批和取样规定

（一）验收批划分

粉煤灰按批进行检验，以一昼夜连续供应的 200t 相同等级的粉煤灰为一批，不足 200t 者按一批计。粉煤灰供应的数量按干灰（含水量 < 1%）的重量计算。

（二）抽样检验

散装灰取样：从不同部位取 10 份试样，每份不小于 1kg，混合拌匀，按四分法缩取比试验所需量大一倍的试样(T 称为平均试样)。

袋装灰取样：从每批中任抽 10 袋，并从每袋中各取试样不少于1kg，混合后缩取需要数量的试样。

三、检验项目及技术指标

(一) 检验项目

二氧化硅、三氧化二铁，三氧化二铝、细度、烧火量，需水量比、三氧化硫含量、含水量。

(二) 技术指标

1. 混凝土和砂浆用粉煤灰按其品质分为Ⅰ、Ⅱ、Ⅲ三个等级。其品质指标应满足表5-23的规定。

拌制混凝土和砂浆用粉煤灰技术要求　　表5-23

项　目	技术要求		
	Ⅰ级	Ⅱ级	Ⅲ级
细度（45μm方孔筛的筛余）不大于（%）	12.0	25.0	45.0
烧失量（%）不大于	5.0	8.0	15.0
需水量比（%）不大于	95	105	115
三氧化硫（%）不大于	3.0		
含水量（%）不大于	1.0		

检验后，符合规程有关要求者为合格品；若其中任一项不符合要求时，则应重新从同一批中加倍取样，进行复检。复检仍不合格时，则该批粉煤灰应降级处理。

2. 道路基层、底基层用粉煤灰中 SiO_2、Al_2O_3 和 Fe_2O_3 的总含量应大于70%，烧失量不应超过20%，细度要求90%通过0.3mm筛孔，70%通过0.075mm筛孔。

四、试验方法

(一) 二氧化硅的测定（基准法）

1. 方法

试样用少量无水碳酸钠烧结，用盐酸溶解，加固体氧化铵于沸水浴上加热蒸发，使硅酸凝聚。滤出的沉淀物用氢氟酸处理后，失去的质量即为纯二氧化硅量，加上滤液中比色回收的二氧化硅量即为总二氧化硅量。

2. 试验步骤

准确称取约0.5g试样（G），置于铂坩埚中，在950~1000℃下灼烧5min，冷却。用玻璃棒仔细压碎块状物，加入0.3g研细的无水碳酸钠，混匀，再将坩埚置于950~1000℃下灼烧10min，放冷。

将烧结块移入瓷蒸发皿中，加少量水润湿，用平头玻璃棒压碎块状物，盖上表面皿，从皿口滴入5mL盐酸及2~3滴硝酸，待反应停止后，取下表面皿，用平头玻璃棒压碎块状物，使试样分解完全，用热盐酸（1+1）清洗坩埚数次，洗液合并于蒸发皿中。将蒸发皿置于沸水浴上，皿上放一玻璃三角架，再盖上表面皿。蒸发至糊状后，加入1g氯化铵，充分搅匀，然后继续在沸水浴上蒸发至干。

取下蒸发皿，加入10~20mL热盐酸（3+97），搅拌使可溶性盐类溶解。用中速滤纸过滤，用胶头扫棒以热盐酸（3+97）擦洗玻璃棒及蒸发皿，并洗涤沉淀3~4次，然后用热水充分洗涤沉淀，直至检验无氯离子为止。滤液及洗液保存在250mL的容量瓶中。

在沉淀中加3滴硫酸（1+4），然后将沉淀连同滤纸一并移入铂坩埚中，烘干并灰化后放入950~1000℃的马弗炉内灼烧60min，取出坩埚置于干燥器中冷却至室温，称量。反复灼烧，直至恒量（G_1）。

向坩埚内加数滴水湿润沉淀，加3滴硫酸（1+4）和10mL氢氟酸，放入通风橱内电热板上缓慢蒸发至干，升高温度继续加热至三氧化硫白烟完全逸尽。将坩埚放入950~1000℃的马弗炉内灼烧30min，取出坩埚置于干燥器中冷却至室温，称量。反复灼烧，直至恒量（G_2）。

3. 计算

纯二氧化硅的百分含量（X_1）按式（5-23）计算：

$$X_1 = \frac{G_1 \times G_2}{G} \times 100 \tag{5-23}$$

式中 G_1——灼烧后未经氢氟酸处理的沉淀及坩埚的重量（g）；

G_2——用氢氟酸处理并经灼烧扣除残渣及坩埚的重量（g）；

G——试料的质量（g）。

4. 经氢氟酸处理后的残渣的分解

向经过氢氟酸处理后得到的残渣中加入0.5g焦硫酸钾熔融，熔块用热水和数滴盐酸（1+1）溶解，溶液并入分离二氧化硅后得到的溶液中。用水稀释至标线，摇匀。此溶液A供测定滤液中残留的可溶性二氧化硅、三氧化二铁、三氧化二铝用。

5. 可溶性二氧化硅的测定

（1）用硅钼蓝光度法测定

从经过上节4. 处理过的溶液A中吸取25.00mL溶液放入100mL容量瓶中，用水稀释至40mL，依次加入5mL盐酸（1+11）、8mL95%（V/V）钼酸铵溶液，放置30min后加入20mL盐酸（1+1）、5mL抗坏血酸溶液，用水稀释至标线，摇匀。放置1h，使用分光光度计，10mm比色皿，以水做参比，于660nm处测定溶液的吸光度。在工作曲线上查出二氧化硅的含量（G_3）。

（2）计算

可溶性二氧化硅的质量百分数 X_2 按照式（5-24）计算。

$$X_2 = \frac{G_3 \times 250 \times 100}{G \times 25 \times 1000} \tag{5-24}$$

式中 X_2——可溶性二氧化硅的质量百分数（%）；

G_3——按硅钼蓝光度法测定的100mL溶液中二氧化硅的含量（mg）；

G——试料的质量（g）。

6. 结果表示

总二氧化硅按式（5-25）计算。

$$总 SiO_2 = 纯 SiO_2 + 可溶性 SiO_2 \quad (5\text{-}25)$$

（二）三氧化二铁的测定（基准法）

1. 方法提要

pH 值在 1.8～2.0 及 60～70℃的溶液中，以磺基水杨酸钠为指示剂，以 EDTA 标准溶液滴定。

2. 试验步骤

从经过上节 4. 处理过的溶液 A 中吸取 25.00mL 溶液放入 300mL 容量瓶中，用水稀释至 100mL，用氨水（1＋1）和盐酸（1＋1）调节溶液 pH 值在 1.8～2.0 之间。将溶液加热至 70℃，加 10 滴磺基水杨酸钠指示剂，用 0.05M 的 EDTA 标准滴定溶液缓慢地滴定至亮黄色（终点时温度不得低于 60℃）。保留此溶液供测定三氧化二铝用。

计算三氧化二铁的百分含量（X_2）按式（5-26）计算。

$$X_2 = \frac{T_{Fe_2O_3} \cdot V \times 5}{G \times 1000} \times 100 \quad (5\text{-}26)$$

式中 $T_{Fe_2O_3}$——每毫升 EDTA 标准溶液相当于三氧化二铁的毫克数（mg/ mL）；

V——滴定时消耗 EDTA 标准溶液的体积（mL）；

5——全部试样溶液与所分取试样溶液的体积比；

G——试样重量（g）。

（三）三氧化二铝的测定（基准法）

1. 方法提要

在滴定铁后的溶液中，调节 pH 至 3，在沸煮下以 EDTA-Cu 与 PAN 为指示剂，用 EDTA 标准溶液滴定。

2. 试验步骤

将测定铁后的溶液用水稀释至约 200mL，加 1～2 滴溴酚蓝指示剂，滴加氨水（1＋2）至溶液出现蓝紫色，再滴加盐酸（1＋2）至黄色，加入 15mL 乙酸钠缓冲溶液（pH 值为 3）。加热至微沸并保持 1min，然后加入 10 滴 EDTA-CU 溶液及 2 ~ 3 滴 PAN 指示剂 {[0.2%（W/V）乙醇溶液]}，以 0.015M EDTA 标准溶液滴定至红色消失，继续煮沸，滴定，直至煮沸后红色不再出现，呈稳定的亮黄色为止。

计算三氧化二铝的百分含量（X_3）按式（5-27）计算：

$$X_3 = \frac{T_{Al_2O_3} \cdot V \times 5}{G \times 1000} \times 100 \tag{5-27}$$

式中 $T_{Al_2O_3}$——每毫升 EDTA 标准滴定溶液相当于三氧化二铝的毫克数（mg/ mL）；

V——滴定时消耗 EDTA 标准溶液的体积（mL）；

5——全部试样溶液与所分取试样溶液的体积比；

G——试样重量（g）。

（四）烧失量的测定

1. 方法提要

试样在 950 ~ 1000℃的马弗炉中灼烧，去除水分和二氧化碳，同时将存在的易氧化元素氧化。由硫化物的氧化引起的烧失量误差必须校正，而其他元素存在引起的误差一般可忽略不计。

2. 试验步骤

准确称取约 1g 试样（m），精确至 0.0001g，置于已灼烧恒量的瓷坩埚中，将盖斜置于坩埚上，放在马弗炉内从低温开始逐渐升高温度，在 950 ~ 1000℃下灼烧 15 ~ 20min，取出坩埚置于干燥器中冷至室温，称量。如此反复灼烧，直至恒量。

3. 结果表示

烧失量的百分率（X_4）按式（5-28）计算：

$$X_4 = \frac{m - m_1}{m} \times 100 \tag{5-28}$$

式中 m——试样的质量（g）；

m_1——灼烧后试样的质量（g）。

（五）细度测定（负压筛析仪法）

参见水泥细度的试验方法。

（六）需水量比测定

1. 试验步骤

（1）胶砂配比按表 5-24 取用。

粉煤灰测定需水量比胶砂配比表 **表 5-24**

胶砂种类	水泥（g）	粉煤灰（g）	标准砂（g）	加水量（mL）
对比胶砂	250	—	750	125
试验胶砂	175	75	750	按流动度达到 130 ~ 140mm 调整

（2）试验胶砂按《水泥胶砂强度检验方法》规定进行搅拌。

（3）搅拌后的试验胶砂按《水泥胶砂流动度试验方法》测定流动度，当流动度在 130 ~ 140mm 范围内，记录此时的加水量；当流动度小于 130mm 或大于 140mm 时，重新调整加水量，直至流动度达到 130 ~ 140mm 为止。

2. 试验结果处理

需水量比，应按式（5-29）计算

$$X(\%) = \frac{L_1}{125} \times 100 \tag{5-29}$$

式中 X——需水量比（%）；

L_1——试验胶砂流动度达到 130 ~ 140mm 时的加水量（mL）；

125——对比胶砂的加水量（mL）。

计算精确至 1%。

（七）三氧化硫的测定（硫酸钡 - 铬酸钡分光光度法）

1. 方法提要

用盐酸分解试样，在 pH = 2 时，加入过量铬酸钡，生成与硫酸根等物质的量的铬酸银。在微碱性条件下，使过量铬酸钡重新析出，过滤后在420nm处测定游离铬酸根离子的吸光度。

如样品中除硫化物和硫酸盐外，还有其他状态硫存在时，将给测定带来误差。

2. 试验步骤

准确称取约0.33～0.36g（A）试样，精确至0.0001g，置于带有标线的200mL烧杯中，加入40mL甲酸（1+1），分散试样，低温干燥，取下。加10mL盐酸（1+2）及1～2滴过氧化氢（1+1），将试样搅起后加热至小气泡冒尽，冲洗杯壁，再煮沸2min，其间冲洗杯壁2次。取下，加水至约90 mL，加5 mL氨水（1+2），并用盐酸（1+1）和氨水（1+1）调节酸度至pH值为2，稀释至100mL。加10mL铬酸钡溶液（10g/L），搅匀。流水冷却至室温并放置，时间不小于10 min，放置期间搅拌3次。加入5 mL氨水（1+2），将溶液连同沉淀移到150 mL容量瓶中，用水稀释至标线，摇匀。用中速滤纸过滤，收集滤液于50 mL烧杯中，使用分光光度计，20mm比色皿，以水作参比，于420nm处测定溶液的吸光度。在工作曲线上查出三氧化硫的含量（B）。

3. 计算

三氧化硫百分含量（H）按式（5-30）计算

$$H = 10B/A \tag{5-30}$$

式中 B——灼烧后沉淀的重量（g）；

A——试样重量（g）。

（八）含水量的测定（烘干法）

1. 试验方法

取具有代表性试样50g，放入称量盒内，盖好盒盖，称质量。称量时，可在天平一端放上与该称量盒等质量的砝码，移动天平游码，平衡后称量结果即湿粉煤灰质量 m，揭开盒盖，将试样和盒放入烘箱内，在温度105～110℃恒温下烘干至恒重。将烘干后的试样和盒取出，放入干燥器内冷却。冷却后盖好盒盖。称质量 m_s，精确至0.01g。

2. 计算

粉煤灰的含水量按照式（5-31）计算。

$$W = \frac{M - M_s}{M_s} \times 100 \tag{5-31}$$

式中　W——含水量（%）；

M——湿粉煤灰质量（g）；

M_S——干粉煤灰质量（g）。

计算精确至0.1%。

第七节　砖

一、依据标准

《烧结普通砖》（GB5101—2003）；

《砌墙砖试验方法》（GB/T2542—2003）；

《砌墙砖检验规则》（JC466—1992）；

《蒸压灰砂砖》（GB11945—1999）；

《粉煤灰砖》（JC239—2001）。

二、组批和取样规定

（一）组批规定

烧结普通砖检验批按3.5～15万块为一批，不足3.5万块亦按一批计。

同类型的蒸压灰砂砖每10万块砖为一批，不足10万亦为一批计。

粉煤灰砖每10万块为一批，不足该数量时，仍按一批计。

（二）取样数量

烧结普通砖试验应以同一产地、同一规格，每3.5～15万块为一验收批；不足3.5万块亦按一批计算，每批抽取30块为一组进行试验。

蒸压灰砂砖、粉煤灰砖每一验收批取样一组，每组抽取30块进行试验。

（三）取样方法

按预先确定好的抽样方案在成品堆垛中随机抽样。

试件的外观质量必须符合成品外观指标。

若对实验结果有怀疑时，可加倍抽样进行复试。

三、砖的主要检验项目及技术指标

（一）主要检测项目

有抗压强度、抗折强度、石灰爆裂、泛霜。

（二）技术指标

1. 烧结普通砖

（1）强度等级

烧结普通砖的强度等级应符合表5-25规定。

烧结普通砖的强度等级（MPa）　　表5-25

强度等级	抗压强度平均值 $\bar{f}\geqslant$	变异系数 $\delta\leqslant0.21$	变异系数 $\delta>0.21$
		强度标准值 $f_k\geqslant$	单块最小抗压强度值 $f_{min}\geqslant$
MU30	30.0	22.0	25.0
MU25	25.0	18.0	22.0
MU20	20.0	14.0	16.0
MU15	15.0	10.0	12.0
MU10	10.0	6.5	7.5

（2）泛霜

每块砖样应符合下列规定：

优等品：无泛霜。

一等品：不允许出现中等泛霜。

合格品：不允许出现严重泛霜。

（3）石灰爆裂

优等品：不允许出现最大破坏尺寸大于2mm的爆裂区域。

一等品：

最大破坏尺寸大于2mm，且小于等于10mm的爆裂区域，每组砖样不得多于15处；

不允许出现最大破坏尺寸大于10mm的爆裂区域。

合格品：

最大破坏尺寸大于2mm，且小于等于15mm的爆裂区域，每组砖样不得多于15处。其中大于10mm的不得多于7处。

2. 蒸压灰砂砖

蒸压灰砂砖的力学性能应满足表5-26的规定。

蒸压灰砂砖力学性能（MPa） **表5-26**

强度级别	抗压强度		抗折强度	
	平均值不小于	单块值不小于	平均值不小于	单块值不小于
MU25	25.0	20.0	5.0	4.0
MU20	20.0	16.0	4.0	3.2
MU15	15.0	12.0	3.3	2.6
MU10	10.0	8.0	2.5	2.0

注：优等品的强度级别不得小于MU15。

3. 粉煤灰砖

粉煤灰砖强度指标应满足表5-27的规定。

粉煤灰砖强度指标（MPa） **表5-27**

强度等级	抗压强度		抗折强度	
	10块平均值≥	单块值≥	10块平均值≥	单块值≥
MU30	30.0	24.0	6.2	5.0
MU25	25.0	20.0	5.0	4.0
MU20	20.0	16.0	4.0	3.2
MU15	15.0	12.0	3.3	2.6
MU10	10.0	8.0	2.5	2.0

注：强度级别以蒸汽养护后一天的强度为准。

四、试验方法

（一）抗折强度试验

1. 试样准备

试样制作数量：烧结砖和蒸压灰砂砖为 5 块和 10 块。

蒸压灰砂砖应放在温度为 20 ± 5℃的水中浸泡 24h 后取出，用湿布拭去其表面水分进行抗折强度试验。

粉煤灰砖在养护结束后 24 ~ 36h 内进行试验。

烧结砖不需浸水及其他处理，直接进行试验。

2. 试验步骤

按外观检验规定，测量试样的宽度和高度方向尺寸各 2 个，分别取其算术平均值并精确至 1mm。

调整抗折夹具支辊的跨距为砖规格长度减去 40mm。但规格长度为 240mm 的砖，其跨距为 200mm。

将试样大面平放在下支辊上，试样两端面与下支辊的距离应相同，当试样有裂缝或凹陷时，应使有裂缝或凹陷的大面朝下，以（50 ~ 150）N/s 的速度均匀加荷，直至试样断裂，记录最大破坏荷在 P。

3. 结果计算与评定

每块试样的抗折强度 R_c 按式（5-32）计算，精确至 0.01 MPa。

$$R_c = \frac{3PL}{2BH^2} \tag{5-32}$$

式中 R_c——抗折强度（MPa）；

P——最大破坏荷载（N）；

L——跨距（mm）；

B——试样宽度（mm）；

H——试样高度（mm）。

试验结果以试样的抗折强度或抗折荷重的算术平均值和单块

最小值表示，精确至 0.01 MPa。

（二）抗压强度试验

1. 试样制备

试样数量：蒸压灰砂砖为 5 块，其他砖为 10 块。

非烧结砖也可用抗折强度试验后的试样作为抗压强度试样。

例：烧结普通砖的试件制备

将试样切断或锯成两个半截砖，断开的半截砖长不得小于 100 mm。如果不足 100 mm，应取备用试样补足。

在试样制备平台上，将已断开的半截砖放入室温的净水中浸 10 ~ 20mim 后取出，并以断口的反方向叠放，两者中间抹以厚度不超过 5mm 的用强度等级 32.5 的普通硅酸盐水泥调整制成稠度适宜的水泥净浆粘结，上下两面用厚度不超过 3mm 的同种水泥浆抹平，制成的试件上下两面须相互平行，并垂直于侧面。

2. 试件养护

制成的抹面试件应置于不低于 10℃的不通风室内养护 3d，再进行试验。

非烧结砖试件，不需养护，直接进行试验。

3. 试验步骤

测量每个试件连接面或受压面的长、宽尺寸各两个，分别取其平均值，精确至 1mm。

将试样平放在加压板的中央，垂直于受压面加荷，应均匀平稳，不得发生冲击或振动。

加荷速度以 4kN/s 为宜，直至试件破坏为止，记录最大破坏荷载 P。

4. 结果计算与评定

每块试样的抗压强度 R_P 按式（5-33）计算，精确至 0.01MPa。

$$R_P = \frac{P}{LB} \tag{5-33}$$

式中 R_P——抗折强度（MPa）；

P——最大破坏荷载（N）；

L——受压面（连接面）的长度（mm）；

B——受压面（连接面）的宽度（mm）。

试验结果以试样抗压强度的算术平均值和单块最小值表示，精确至 0.1MPa。

烧结普通砖抗压试验数量为 10 块砖样，加荷速度为 5 ± 0.5kN，强度标准值按下式（5-34）、式（5-35）计算。

$$\delta = \frac{s}{\bar{f}} \tag{5-34}$$

$$s = \sqrt{\frac{1}{9}\sum_{i=1}^{10}(f_i - \bar{f})^2} \tag{5-35}$$

式中 δ——砖强度变异系数，精确至 0.01；

s——10 块砖样的抗压强度标准差（MPa）；精确至 0.01MPa；

$\bar{f}$——10 块砖样的抗压强度平均值（MPa）；精确至 0.01MPa；

f_i——单块砖样的抗压强度测定值（MPa）；精确至 0.01MPa。

（三）石灰爆裂

1. 试样准备

试样为未经雨淋或浸水，且近期生产的砖样，数量为 5 块。

试验前检查每块试样，将不属于石灰爆裂的外观缺陷作标记。

2. 试验步骤

将试样平行侧立于蒸煮箱内的箅子板上，试样间隔不得小于 50 mm，箱内水面应低于箅上板 40mm。

加盖蒸 6h 后取出，检查每块试样上因石灰爆裂（含试验前已出现的爆裂）而造成的外观缺陷，记录其尺寸（mm）。

3. 结果评定

以试样石灰爆裂区域的尺寸最大者表示，精确至 1mm。

（四）泛霜

1. 试样准备

试样数量为 5 块。

2. 试验步骤

将粘附在试样表面的粉尘刷掉并编号，然后放入 105 ± 5℃ 的鼓风干燥箱中干燥 24h，取出冷却至常温。

将试样顶面或有孔洞的面朝上分别置于 5 个浅盘中，往浅盘中注入蒸馏水，水面高度不低于 20mm，用透明材料覆盖在浅盘上，并将试样暴露在外面，记录时间。

试样浸在盘中的时间为 7d，开始 2d 内经常加水以保持盘内水面高度，以后则保持试样浸在水中即可。试验过程中要求环境温度为 16 ~ 32℃，相对湿度 30% ~ 70%。

7d 后取出试样，在同样的环境条件下放置 4d。然后在 105 ± 5℃的鼓风干燥箱中干燥至恒量。取出冷却至常温。记录干燥后的泛霜程度。

7d 后开始记录泛霜情况，每天一次。

3. 结果评定

泛霜程度划分如下：

无泛霜：试样表面的盐析几乎看不到。

轻微泛霜：试样表面出现一层细小明显的霜膜，但试样表面仍清晰。

中等泛霜：试样部分表面或棱角出现明显霜层。

严重泛霜：试样表现出现起砖粉、掉屑及脱皮现象。

第八节　水泥混凝土

一、定义与分类

(一）定义

由水泥、普通碎（卵）石、砂和水等按一定比例配制成的拌合物，经过一定时间硬化而成的，其干密度为 2000～2800kg/m^3 的混凝土，称为水泥混凝土。

(二）分类

水泥混凝土通常可分为：

1. 普通混凝土；2. 干硬性混凝土；3. 塑性混凝土；4. 流动性混凝土；5. 大流动性混凝土；6. 抗渗混凝土；7. 抗冻混凝土；8. 高强混凝土；9. 泵送混凝土；10. 大体积混凝土。

二、依据标准

《混凝土结构工程施工及验收规范》(GB50204—2002)；
《普通混凝土拌合物性能试验方法》(GBJ50080—2002)；
《普通混凝土力学性能试验方法》(GBJ50081—2002)；
《普通混凝土长期性能与耐久性能试验方法》(GBJ82—85)；
《建筑用碎石、卵石》(GB/T14685—2001)；
《建筑用砂》(GB/T14684—2001)；
《混凝土外加剂应用技术规范》(GBJ119—88)；
《混凝土强度检验评定标准》(GBJ107—87)；
《公路工程质量检验评定标准》(JTGF80—2004)；
《水泥混凝土路面施工及验收规范》(GBJ97—87)。

三、组批和取样规定

(一）混凝土抗压强度

取样应在混凝土浇筑地点随机抽取，取样频率应符合下列规定：

1. 每拌制100盘但不超过$100m^3$的同配合比的混凝土，取样次数不得少于一次；

2. 每一工作班拌制的同配合比的混凝土不足100盘时，其取样次数不得少于一次；

3. 当连续浇筑超过$1000m^3$时，同一配合比的混凝土每$200m^3$取样不得少于一次；

4. 每次取样应至少留置一组标准养护试件，同条件养护试件的留置组数应根据实际需要确定。

（二）混凝土抗渗试验

对有抗渗要求的混凝土结构，混凝土试件应在浇筑地点随机取样。同一工程、同一配合比的混凝土，取样不应少于一次，留置组数可根据实际需要确定。

（三）混凝土抗折强度取样

1. 应用正在摊铺的混凝土拌合物制作试件，试件的养护条件与现场混凝土养护相同；

2. 每天或铺筑$200m^3$混凝土（机场$400m^3$），应同时制作两组试件，龄期应分别为7d和28d；每铺筑$1000\sim2000m^3$混凝土应增做一组试件，用于检查后期强度，龄期不应少于90d；

3. 当普通水泥混凝土的7d强度达不到28天（换算成标准养护条件的强度）强度的60%（矿渣水泥混凝土为50%）时，应检查分析原因，并对混凝土的配合比作适当修正；

4. 浇筑完成混凝土板，应检验混凝土的实际强度，可现场钻取圆柱试件，进行圆柱劈裂强度试验，以圆柱劈裂强度推算小梁抗折强度。

圆柱劈裂强度与小梁抗折强度的计算关系式，各地应通过现场试验取得。

当无试验数据时，可采用下列计算关系式：

石灰岩、花岗岩碎石混凝土为：

$$\sigma_b = 1.868\sigma_c^{0.871} \quad (5\text{-}36)$$

玄武岩碎石混凝土为：

$$\sigma_b = 3.035\sigma_c^{0.423} \tag{5-37}$$

砾石混凝土强度相关性较差，各地应在钻取圆柱体试件与标准小梁抗折强度试验得出强度关系式后试用。

四、常规检验项目

（一）混凝土拌合物的检验：稠度、凝结时间、表观密度；

（二）混凝土硬化后的检验：抗压强度、抗折强度、抗渗性能检测；

（三）强度评定。

五、试验方法

（一）混凝土拌合物的检验

1. 取样

同一组混凝土拌合物的取样应从同一盘混凝土或同一车混凝土中取样。取样量应多于试验所需量的1.5倍，且不宜大于20L。

混凝土拌合物的取样应具有代表性，宜采用多次采样的方法。一般在同一盘混凝土或同一车混凝土中的约1/4处，1/2处和3/4处之间分别取，从第一次取样到最后一次取样不应超过15min，然后人工搅拌均匀。

从取样完毕到开始做各项性能试验不宜超过5min。

2. 试样的制备

在试验室制备混凝土拌合物时，拌合时试验室的温度应保持在20±5℃，所用材料的温度应与试验室温度保持一致。但是当需要模拟施工条件下的混凝土时，所用原材料的温度宜与施工现场保持一致。

试验室拌合混凝土时，材料用量应以质量计。称量精度：骨料为±1%；水、水泥、掺合料、外加剂为±0.5%。

从试样制备完毕到开始做各项性能试验不宜超过5min。

3. 稠度试验

(1) 坍落度与坍落扩展度法

1) 适用范围

本方法适用于骨料最大粒径小于40mm、坍落度大于10mm的混凝土拌合物稠度测定。

2) 试验步骤

坍落度与坍落扩展度试验应按下列步骤进行:

湿润坍落度筒及底板，在坍落度筒内壁和底板上应无明水。底板应放置在坚实水平面上，并把筒放在底板中心，然后用脚踩住二边的脚踏板，坍落度筒在装料时应保持固定的位置。

把按要求取得的混凝土试样用小铲分三层均匀地装入筒内，使捣实后每层高度为筒高的三分之一左右。每层用捣棒插捣25次。插捣应沿螺旋方向由外向中心进行，各次插捣应在截面上均匀分布。插捣筒边混凝土时，捣棒可以稍稍倾斜。插捣底层时，捣棒应贯穿整个深度，插捣第二层和顶层时，捣棒应插透本层至下一层的表面；浇灌顶层时，混凝土应灌到高出筒口。插捣过程中，如混凝土沉落到低于筒口，则应随时添加。顶层插捣完后，刮去多余的混凝土，并用抹刀抹平。

清除筒边底板上的混凝土后，垂直平稳地提起坍落度筒。坍落度筒的提离过程中应在5～10s内完成；从开始装料到提坍落度筒的整个过程应不间断地进行，并应在150s内完成。

提起坍落度筒后，测量筒高与坍落后混凝土试体最高点之间的高度差，即为该混凝土拌合物的坍落度值；坍落度筒提离后，如混凝土发生崩坍或一边剪坏现象，则应重新取样另行测定；如第二次试验仍出现上述现象，则表示该混凝土和易性不好，应予记录备查。

观察坍落度后的混凝土试体的粘聚性及保水性。粘聚性的检查方法是用振捣棒在已坍落的混凝土锥体侧面轻轻敲打，此时如果锥体逐渐下沉，则表示粘聚性良好，如果锥体倒塌、部分崩裂或出现离析现象，则表示粘聚性不好。保水性以混凝土拌合物稀浆析出的程度来判断，坍落度筒提起后如有较多的稀浆从底部析出，锥体部分的混凝土也因失浆而骨料外露，则表明此混凝土拌合物的保水性能不好；如坍落度筒提起后无稀浆或仅有少量稀浆自底部析出，则表示此混凝土拌合物保水性良好。

当混凝土拌合物的坍落度大于220mm时，用钢尺测量混凝土扩展后最终的最大直径，在这两个直径之差小于50mm的条件下，用其算数平均值作为坍落扩展度值；否则，此次试验无效。

如果发现粗骨料在中央集堆或边缘有水泥浆析出，表示此混凝土拌合物抗离析性不好，应予以记录。

混凝土拌合物坍落度和坍落扩展度值以毫米为单位，测量精确至1mm，结果表达修约至5mm。

（2）维勃稠度法

1）适用范围

本方法适用于骨料最大粒径不大于40mm，维勃稠度在5～30s之间的混凝土拌合物稠度测定。

2）试验步骤

维勃稠度试验应按下列步骤进行：

维勃稠度仪应放置在坚实水平面上，用湿布把容器、坍落度筒、喂料斗内壁及其他用具润湿；

将喂料斗提到坍落度筒上方扣紧，校正容器位置，使其中心与喂料斗中心重合，然后拧紧固定螺丝；

把按要求取样或制作的混凝土拌合物试样用小铲分三层经喂料斗均匀地装入筒内。

把喂料斗转离，垂直地提起坍落度筒，此时应注意不使混凝土试体产生横向的扭动；

把透明圆盘转到混凝土圆台体顶面，放松测杆螺钉，降下圆盘，使其轻轻接触到混凝土顶面；

拧紧定位螺钉，并检查测杆螺钉是否已经完全放松；

在开启振动台的同时用秒表计时，当振动到透明圆盘的底面被水泥浆布满的瞬间停止计时，并关闭振动台。由秒表读出时间即为该混凝土拌合物的维勃稠度值，精确至1s。

（3）凝结时间试验

1）适用范围

本方法适用于从混凝土拌合物中筛出的砂浆用贯入阻力法来确定坍落度值不为零的混凝土拌合物凝结时间的测定。

2）试验步骤

a. 从试验室拌合好的或现场直接取样的混凝土拌合物试样中，用5mm标准筛筛出砂浆，每次应筛净，然后将其拌合均匀。将砂浆一次分别装入三个试样筒中，准备做三个试验。对坍落度不大于70mm的混凝土宜用振动台振实砂浆；对坍落度大于70mm的混凝土宜用捣棒人工捣实。用振动台振实砂浆时，振动应持续到表面出浆为止，不得过振；用捣棒人工捣实时，应沿螺旋方向由外向中心均匀插捣25次，然后用橡皮锤轻轻敲打筒壁，直至插捣孔消失为止。振实或插捣后，砂浆表面应低于试样筒口约10mm；砂浆试样筒应立即加盖。

b. 在砂浆试样制备完毕、编号后置于温度为20±2℃的环境中或与现场同条件下待试，并在以后的整个测试过程中，环境温度应始终保持在20±2℃。现场同条件测试时，应与现场条件保持一致。在整个过程中，除在吸取泌水或进行贯入试验外，试样筒应始终加盖。

c. 凝结时间测定从水泥与水接触瞬间开始计时。根据混凝土拌合物的性能，确定测试试验时间，以后每各0.5h测试一次，在临近初、终凝结时可增加测定次数。

d. 在每次测试前2min，将一片20mm厚的垫块垫入筒底一侧使其倾斜，用吸管吸去表面的泌水，吸水后平稳地复原。

e. 测试时将砂浆试样筒置于贯入阻力仪上，测针端部与砂浆表面接触，然后在10±2s内均匀地使测针贯入砂浆25±2mm深度，记录环境温度，精确至0.5℃。

各测点的间距应大于测针直径的两倍且不小于15mm，测点与试样筒壁的距离应不小于25mm。

贯入阻力测试在0.2~28MPa之间至少进行6次，直至贯入阻力大于28MPa为止。

在测试过程中应根据砂浆凝结状况，适时更换测针，更换测针宜按表5-28选用。

测针选用规定表 **表5-28**

贯入阻力（MPa）	0.2~3.5	3.5~20	20~28
测针面积（mm^2）	100	50	20

3）贯入阻力的结果计算以及初凝时间和终凝时间的确定应按下述方法进行：

a. 贯入阻力应按式（5-38）计算：

$$f_{PR}=\frac{P}{A} \tag{5-38}$$

式中 f_{PR}——贯入阻力（MPa）；

P——贯入压力（N）；

A——测针面积（mm^2）。

b. 凝结时间宜通过线性回归方法确定，是将贯入阻力 f_{PR} 和时间 t 分别取自然对数，然后把 ln（f_{Pr}）当自变量，ln（t）当因变量作线性回归得到式（5-39）：

$$\ln(t)=A+B\ln(f_{Pr}) \tag{5-39}$$

根据式（5-40）、式（5-41）求得当贯入阻力为3.5MPa时为初凝时间 t_s，贯入阻力为28MPa时为终凝时间 t_e：

$$t_s=e^{(A+B\ln(3.5))} \tag{5-40}$$

$$t_e=e^{(A+B\ln(28))} \tag{5-41}$$

凝结时间也可用绘图拟合方法确定，是以贯入阻力为纵坐标，经过的时间为横坐标，绘制出贯入阻力与时间的关系曲线，以3.5MPa和28MPa划两条平行于横坐标的直线，分别与曲线相交的横坐标即为混凝土拌合物的初凝和终凝时间。

c.用三个试验结果的初凝和终凝时间的算术平均值作为此次试验的初凝和终凝时间。如果三个测值的最大值或最小值中有一个与中间值的差超过中间值的10%，则以中间值为试验结果；若最大值或最小值与中间值的差都超过中间值的10%，则此次试验无效。

(4) 表观密度试验方法

用湿布把容量筒内外擦干净，称出容量筒的质量，精确至50g。

混凝土的装料及捣实方法应根据拌合物的稠度确定。坍落度不大于70mm的混凝土，用振动台振实；大于70mm的用捣棒捣实。采用捣棒捣实时，应根据容量筒的大小（对骨料最大粒径不大于40mm的拌合物采用5L的容量筒；对骨料最大粒径大于40mm的拌合物采用的容量筒的内径与内高应大于骨料最大粒径的4倍）决定分层与插捣的次数：用5L容量筒时，混凝土拌合物应分两层装入，每层的插捣次数应为25次；用大于5L容量筒时，每层混凝土的高度不应大于100mm，每层插捣次数应按每10000mm^{2}截面不少于12次计算。每次插捣应由边缘向中心均匀地插捣，插捣底层时捣棒应贯穿整个深度，插捣第二层时，捣棒应插透本层至下一层的表面；每一层捣完后用橡皮锤轻轻沿容器外壁敲打5~10次，进行振实，直至拌合物表面插捣孔消失并不见大气泡为止。

采用振动台振实时，应一次将混凝土拌合物灌到高出容量筒口。装料时可用捣棒稍加插捣，振动过程中如混凝土低于筒口，应随时添加混凝土，振动直至出浆为止。

用刮尺将筒口多余的混凝土拌合物刮去，表面如有凹陷应填平；将容量筒外壁擦净，称出混凝土试样与容量筒总质量，精确至50g。

混凝土拌合物表观密度的计算应按式（5-42）计算：

$$\gamma_h = \frac{W_2 - W_1}{V} \times 1000 \quad (5\text{-}42)$$

式中 γ_h——表观密度（kg/m^3）；

W_1——容量筒质量（kg）；

W_2——容量筒和试样总质量（kg）；

V——容量筒容积（L）。

（二）混凝土硬化后的检验

1. 试件的制作

（1）混凝土试件的制作应符合下列规定：

成型前，应检查试模尺寸是否符合标准的规定；试模内表面应涂一薄层矿物油或其他不与混凝土发生反应的脱模剂。

在试验室拌制混凝土时，其材料用量应以质量计，称量的精度：水泥、掺合料、水和外加剂为±0.5%；骨料为±1%。

取样或实验室拌制的混凝土应在拌制后尽量短的时间内成型，一般不宜超过15min。

根据混凝土拌合物的稠度确定混凝土成型方法：坍落度不大于70mm的混凝土宜用振动台振实；大于70mm的宜用捣棒人工捣实；检验现浇混凝土或预制构件的混凝土，试件成型方法宜与实际采用的方法相同。

混凝土立方体试件的尺寸应按照表5-29选定。

混凝土立方体试件的尺寸 **表5-29**

试件截面尺寸（mm）	骨料最大粒径（mm）	
	劈裂抗拉强度试验	其他试验
100×100	19.0	31.5
150×150	37.5	37.5
200×200	—	63.0

注：骨料最大粒径指的是符合《建筑用碎石、卵石》（GB/T14685—2001）中规定的方孔筛的孔径。

（2）混凝土试件制作应按下列步骤进行：

1）取样或拌制好的混凝土拌合物应至少用铁锹再来回拌合三次。

2）按照拌合物的稠度，选择成型方法成型。

当用振动台振实制作试件时应按下述方法进行：

a. 将混凝土拌合物一次装入试模，装料时应用抹刀沿各试模壁插捣，并使混凝土拌合物高出试模口；

b. 试模应附着或固定在符合标准的振动台上，振动时试模不得有任何跳动，振动应持续到表面出浆为止，不得过振。

当用人工插捣制作试件应按下述方法进行：

a. 混凝土拌合物应分两层装入模内，每层的装料厚度大致相等；

b. 插捣应按螺旋方向从边缘向中心均匀进行。在插捣底层混凝土时，捣棒应达到试模表面，插捣上层时，捣棒应贯穿上层后插入下层 20～30mm；插捣时捣棒应保持垂直，不得倾斜。然后应用抹刀沿试模内壁插拔数次；

c. 每层插捣次数按在 $10000mm^2$ 截面积内不得少于 12 次；

d. 插捣后应用橡皮锤轻轻敲击试模四周，直到插捣棒留下的空洞消失为止。

当用插入式振捣棒制作试件应按下述方法进行：

a. 将混凝土拌合物一次装入试模，装料时应用抹刀沿各试模壁插捣，并使混凝土拌合物高出试模口；

b. 宜用直径为 ϕ25mm 的插入式振捣棒，插入试模振捣时，振捣棒距试模底板 10～20mm，且不得触及试模底板，振动应持续到表面出浆为止，且应避免过振，以防止混凝土离析；一般振动时间为 20s。振捣棒拔出时要缓慢，拔出后不得留有孔洞。

3）刮去试模上口多余的混凝土，待混凝土临近初凝时，用刀抹平。

（3）试件的养护

试件成型后应立即用不透水的薄膜覆盖表面。

采用标准养护的试件应在温度为20±5℃的环境中静置一昼夜，然后编号、拆模。拆模后应立即放入温度为20±2℃，相对湿度为95%以上的标准养护室中养护，或在温度为20±2℃的不流动的$Ca(OH)_2$饱和溶液中养护。标准养护室内的试件应放在支架上，彼此间隔10~20mm，试件表面应保持潮湿，并不得被水直接冲淋。

同条件养护试件的拆模时间可与实际构件的拆模时间相同，拆模后，试件仍需保持同条件养护。

标准养护龄期为28d（从搅拌加水开始计时）。

2. 立方体抗压强度试验

(1) 立方体抗压强度试验步骤应按下列方法进行：

试件从养护地点取出后应及时进行试验，将试件表面与上下承压板面擦干净。

将试件安放在试验机的下压板或垫板上，试件的承压面应与成型时的顶面垂直。试件的中心应与试验机下压板中心对准，开动试验机，当上压板与试件或钢垫板接近时，调整球座，使接触均衡。

在试验过程中应连续均匀地加荷，混凝土强度等级小于C30时，加荷速度取每秒钟0.3~0.5MPa；混凝土强度等级≥C30且小于C60时，取每秒钟0.5~0.8MPa；混凝土强度等级≥C60时，取每秒钟0.8~1.0MPa。

当试件接近破坏开始急剧下降变形时，应停止调整试验机油门，直至破坏。然后记录破坏荷载。

(2) 立方体抗压强度试验结果计算及确定按下列方法进行：

1) 混凝土立方体抗压强度应按式（5-43）计算：

$$f_{cc}=\frac{F}{A} \tag{5-43}$$

式中 f_{cc}——混凝土立方体试件抗压强度（MPa）；

F——试件破坏荷载（N）；

A——试件承压面积（mm^2）。

混凝土立方体抗压强度计算应精确至0.1MPa。

2）强度值的确定

以三个试件测值的算术平均值作为该组试件的强度值（精确至0.1MPa）；

三个测值中的最大值或最小值中如有一个与中间值的差值超过中间值的15%时，则把最大值和最小值一并舍去，取中间值作为该组试件的强度值；

如最大值和最小值与中间值的差均超过中间值的15%时，则该组试件作废。

3）立方体抗压强度试件的标准尺寸为150mm×150mm×150mm。混凝土强度等级小于C60时，用非标准试件测得的强度值均应乘以尺寸换算系数，其值为对200mm×200mm×200mm试件为1.05，对100mm×100mm×100mm试件为0.95。当混凝土的强度等级大于或等于C60时，宜采用标准试件；使用非标准试件时，尺寸换算系数应由试验确定。

（3）立方体抗压强度的验收评定

混凝土立方体抗压强度的验收评定按照表5-30的规定执行。

3．抗折强度试验

试件在长度方向的中部1/3区段内不得有表面直径超过5mm、深度超过2mm的孔洞。

（1）试验步骤：

试件从养护地点取出后应及时进行试验，将试件表面擦干净。

装置试件时，安装尺寸偏差不得大于1mm。试件的承压面应为试件成型时的侧面。支座及承压面与圆柱的接触面应平稳、均匀，否则应垫平。

施加荷载应保持均匀、连续。当混凝土强度等级小于C30时，加荷速度取每秒0.02～0.05MPa；当混凝土强度等级大于或等于C30且小于C60时，取每秒钟0.05～0.08MPa；当混凝土强度等级大于或等于C60时，取每秒钟0.08～0.10MPa，至试件接近破坏时，应停止调整试验机油门，直至试件破坏，然后记录破坏荷载。

混凝土立方体抗压强度验收评定表　　表 5-30

<table>
<tr><th colspan="2">合格评定方法</th><th>合格评定条件</th><th>备　注</th></tr>
<tr><td rowspan="2">统计方法</td><td>(一)
方差已知方案</td><td>1. $m_{f_{cu}} \geqslant f_{cu,k} + 0.7\sigma$
2. $f_{cu,min} \geqslant f_{cu,k} - 0.7\sigma_0$
且当强度等级小于或等于 C20 时,
$f_{cu,min} \geqslant 0.85 f_{cu,k}$;
当强度等级大于 C20 时,
$f_{cu,min} \geqslant 0.9 f_{cu,k}$。
式中 $m_{f_{cu}}$——同批三组试件抗压强度平均值(N/mm²);
$f_{cu,min}$——同批三组试件抗压强度中的最小值(N/mm²);
$f_{cu,k}$——混凝土立方体抗压强度标准值;
σ_0——验收批的混凝土强度标准差,可依据前一个检验期的同类混凝土试件强度数据确定</td><td>验收批混凝土强度标准差按下式确定:
$\sigma_0 = 0.59/m \sum \Delta f_{cu,i}$
其中 $\Delta f_{cu,i}$——以三组试件为一批,第 i 批混凝土强度的级差;
m——用以确定该验收批混凝土强度标准差时 σ_0 的数据总批数;
[注:]在确定混凝土强度批标准差(σ_0)时,其统计期限不应超过三个月,且在该期间内验收批总数不得少于 15 批</td></tr>
<tr><td>(二)
方差未知方案</td><td>1. $m_{f_{cu}} - \lambda_1 S_{f_{cu}} \geqslant 0.9 f_{cu,k}$
2. $f_{cu,min} \geqslant \lambda_2 f_{cu,k}$
式中 $m_{f_{cu}}$——n 组混凝土试件强度的平均值(N/mm²);
λ_1、λ_2——合格判定系数。
$S_{f_{cu}}$——n 组混凝土试件强度标准差(N/mm²);当计算值 $S_{f_{cu}} < 0.06 \times f_{cu,k}$ 时,取 $S_{f_{cu}} = 0.06 f_{cu,k}$</td><td>一个验收批混凝土试件组数 $n \geqslant 10$ 组,n 组混凝土试件强度标准差(S_{fcu})按下式计算:
$$S_{f_{cu}} = \sqrt{\frac{\sum_{i=1}^{n} f_{cu,i}^2 - nm^2_{f_{cu}}}{n-1}}$$
式中 $f_{cu,i}$——第 i 组混凝土试件强度。
混凝土强度的合格判定系数(λ_1、λ_2)表
<table><tr><td>n</td><td>10~14</td><td>15~24</td><td>≥25</td></tr><tr><td>λ_1</td><td>1.70</td><td>1.65</td><td>1.60</td></tr><tr><td>λ_2</td><td>0.9</td><td colspan="2">0.85</td></tr></table></td></tr>
</table>

续表

合格评定方法	合格评定条件	备　注
非统计方法	1. $m_{f_{cu}} > 1.15 f_{cu,k}$ 2. $f_{cu,min} > 0.95 f_{cu,k}$	一个验收批的试样组数 n = 1~9 组；当一个验收批的混凝土试件仅有一组时，则该试件强度应不低于强度标准值的 115%

记录试件破坏荷载的试验机示值及试件下边缘断裂位置。

(2) 抗折强度试验结果计算及确定按下列方法进行：

1）若试件下边缘断裂位置处于两个集中荷载作用线之间，则试件的抗折强度 f_f（MPa）按式（5-44）计算：

$$f_f = \frac{FL}{bh^2} \tag{5-44}$$

式中 f_f——混凝土抗折强度（MPa）；

F——试件破坏荷载（N）；

L——支座间跨度（mm）；

h——试件截面高度（mm）；

b——试件截面宽度（mm）；

抗折强度计算应精确至 0.1MPa。

2）以三个试件测值的算术平均值作为该组试件的强度值。若三个测值中的最大值或最小值中如有一个与中间值的差值超过中间值的 15% 时，则把最大值和最小值一并舍去，取中间值作为该组试件的强度值；如最大值和最小值与中间值的差均超过中间值的 15% 时，则该组试件作废。

3）三个试件中若有一个折断面位于两个集中荷载之外，则混凝土抗折强度值按另两个试件的试验结果计算。若这两个测值的差值不大于这两个测值的较小值的 15% 时，则该组试件的抗折强度值按这两个测值的平均值计算，否则该组试件的试验无效。若有两个试件的下边缘断裂位置位于两个集中荷载作用线之外，则该组试件试验无效。

4）抗折试件的标准尺寸为150mm×150mm×550mm。当试件尺寸为100mm×100mm×400mm非标准试件时，应乘以尺寸换算系数0.85。当混凝土强度等级大于或等于C60时，宜采用标准试件；使用非标准试件时，尺寸换算系数应由试验确定。

（3）混凝土抗折强度的验收评定

混凝土抗折强度的验收评定，应视检验组数的多少，分别按照下列条件评定：

1）试件组数大于10组时，平均混凝土合格抗折强度按式（5-45）计算：

$$\sigma_p = \sigma_s + K\sigma \tag{5-45}$$

式中 σ_p——混凝土合格强度（MPa）；

σ_s——混凝土设计计算强度（MPa）；

K——合格评定系数，按照表5-31取用；

σ——强度均方差（MPa）。

混凝土抗折强度的合格评定系数 **表5-31**

组　数	11~14	15~19	≥20
K	0.75	0.70	0.65

2）任何一组试件的最小强度：当试件组数为11~19组时，允许有一组小于$0.85\sigma_s$，但不得小于$0.75\sigma_s$；当试件组数大于20组时，一级公路、高速公路最小弯拉强度不得小于$0.85\sigma_s$，其他公路允许有一组小于$0.85\sigma_s$，但不得小于$0.75\sigma_s$。

3）试件组数小于或等于10组时，试件平均强度不得小于$1.10\sigma_s$，任一组强度均不得小于$0.85\sigma_s$。

4.抗渗性能试验

抗渗性能试验应采用顶面直径为175mm底面直径为185mm，

高度为150mm的圆台体或直径与高度均为150mm的圆柱体试件(视抗渗设备要求而定)。

抗渗试件以六个为一组。

试件成型后24h拆模，用钢丝刷刷去两端面水泥浆膜，然后送入标准养护室养护。

试件一般养护至28d龄期进行试验，如有特殊要求，可在其他龄期进行。

(1) 试验步骤:

试件养护至试验前1d取出，将表面晾干，然后在其侧面涂一层熔化的密封材料，随即在螺旋或其他加压装置上，将试件压入经烘箱预热过的试件套中，稍冷却后，即可解除压力、连同试件套装在抗渗仪上进行试验。

试验从水压为0.1MPa开始。以后每隔8h增加水压0.1MPa，并且要随时注意观察试件端面的渗水情况。

当六个试件中有三个试件端面有渗水现象时，即可停止试验，记下当时的水压。

在试验过程中，如发现水从试件周边渗出，则应停止试验，重新密封。

(2) 混凝土的抗渗等级以每组六个试件中四个试件未出现渗水时的最大水压力计算，其计算式为式(5-46):

$$S = 10H - 1 \tag{5-46}$$

式中 S——抗渗等级;

H——六个试件中三个渗水时的水压力(MPa)。

第九节 预应力用锚具、夹具、连接器

一、依据标准

《预应力筋用锚具，夹具和连接器》(GB/T 14370—2000);

《公路桥涵施工技术规范》(JTJ 041—2000)。

二、组批和取样规定

同批产品的数量是指同一类产品，同一批原材料，用同一种工艺一次投料生产的数量，每批不得超过1000套。外观检查抽取10%，且不少于10套。硬度检验抽5%，且不少于5套，对其中有硬度要求的零件做硬度检验（多孔夹片式锚具的夹片，每套至少抽取5片)。静载锚固能力检验、疲劳荷载检验及周期荷载检验各抽取3套试件的锚具、夹具或连接器。

三、主要检验项目及技术指标

（一）主要检验项目：外观、硬度、静荷锚固性能试验

（二）技术指标

1. 外观

外观检验应如表面无裂缝，尺寸符合设计要求。

2. 硬度

硬度检验每个测试3点，当硬度值应符合设计要求的范围。

3. 静荷锚具性能试验

静荷锚具性能试验应符合下列要求：

1）锚具

锚具的静载锚固性能应同时满足以下两项要求：$\eta_a \geqslant 0.95$，$\varepsilon_{apu} \geqslant 2.0\%$。

η_a——预应力筋锚具组装件静载试验测得的锚具效率系数；

ε_{apu}——预应力筋锚具组装件达到实测极限拉力时的总应变。

2）夹具

夹具的静载锚固性能应符合 $\eta_g \geqslant 0.92$。

η_g 是由预应力筋和夹具组装件静载锚固试验测定的夹具效

率系数。

在预应力筋夹具组装件达到实测极限拉力时，全部零件均不应出现肉眼可见的裂缝或破坏，应有良好的自锚性能和松锚性能。需敲击才能松开的夹具，必须保证其对预应力筋的锚固没有影响，且对操作人员安全不造成危险。

3）连接器

在后张法或先张法施工中，在张拉预应力后永久留在混凝土构件或结构中的连接器，必须符合锚具的性能要求；如在张拉后还必须放张和拆卸的连接器必须符合夹具的性能要求。

四、试验方法

（一）外观检查

1. 检查方法

表面有无裂缝，用肉眼进行观察。

进行尺寸检验，可用游标卡尺或螺旋测微器。

2. 结果判定

如表面无裂缝，影响锚固能力的尺寸符合设计要求，应判为合格；如此项尺寸有1套超过允许偏差，则应另取双倍数量重做试验；如仍有1套不符合要求，则应逐套检查，合格者方可使用。如发现1套由裂纹，应对全部产品进行逐套检查，合格者方可使用。

（二）硬度试验：

下面以HR-150A型洛氏硬度计为例说明硬度试验的步骤。

1. 试验前的准备工作

被测试件的表面应平整光洁，不得带有污物、氧化皮、凹坑及显著的加工痕迹，试件的支承面和试台应清洁，保证良好结合，试件的厚度应大于10倍的压痕深度。

根据试件的形状，尺寸大小来选择合适的试台，试件如异形，则可根据具体的几何形状自行设计制造专用夹具，使硬度测试具有准确的示值。

2. 试验过程

根据试件的技术要求选择标尺。

将压头安装在测杆孔中，贴紧支撑面，把压头紧固螺钉略为拧紧，将试件放在试台上。

顺时针转动旋轮，升降丝杆上升，压头与试件接触时，上升速度要缓慢平稳。表盘上小指针从黑点移到红点，此时大指针转过三圈至零件 ± 5HR 分度处，这时停止试验力施加。

微调表盘对准零件。

将加卸试验力手柄缓慢向后推，保证主试验力在 4 ~ 6s 内施加完毕。总试验力保持时间 10s，然后将加卸试验力柄在 2 ~ 3s 内平稳地向前拉，卸除主试验力，保持初试验力，从相应的标尺刻度上立即读取硬度示值。

下降试台，一次试验循环结束。如需继续试验则可按上述顺序操作。

3. 结果判定

每个零件测试 3 点，当硬度值符合设计要求的范围时应判为合格；如有 1个零件不合格，则应另取双倍零件重做试验；如仍有 1 个零件不符合要求，则应逐个检查，合格者方可使用。

（三）静筋锚固性能试验

1. 试验过程

试验用的预应力筋锚具、夹具或连接器组装件应由全部零件和预应力筋组装而成。组装时不得在锚固零件上添加影响锚固性能的物质，如金刚砂、石墨等（设计规定的除外）。束中各根预应力筋应等长平行，其受力长度不得小于 3m。

试验用的测力系统，其不确定度不得大于 2%；测量总应变用的量具，其标距的不确定度不得大于标距的 0.2%，指示应变的不确定度不得大于标距的 0.1%。试验设备及仪器每年至少标定一次。

对于先安装锚具、夹具或连接器再张拉预应力筋的预应力体系，可直接接用试验机或试验台座加载。加载之前必须先将各根预应力钢材的初应力调匀，初应力可取预应力钢材抗拉强度标准值的5%～10%。步骤为：按预应力钢材抗拉强度标准值的20%、40%、60%、80%分4级等速加载，加载速度每分钟宜为100MPa，达到80%后，持荷1h，再用试验设备逐步加载至破坏。

对于先张拉预应力筋再锚固的预应力体系，应先用施工用的张拉设备，按预应力钢材抗拉强度标准值20%、40%、60%、80%分4级等速张拉达到80%后锚固，持荷1h，再用试验设备逐步加载至破坏。

如果能证明预应力钢材在先张拉后锚固对静载性能没有影响时，也可按先安装锚具、夹具或连接器再张拉预应力筋的预应力体系的加载方法加载。

试验过程中观察和测量项目应包括：

(1) 各根预应力筋与锚具、夹具或连接器之间的相对位移；

(2) 锚具、夹具或连接器各零件之间的相对位移；

(3) 在达到预应力钢材抗拉强度标准值的80%后，在持荷1h时间内的锚具、夹具或连接器的变形；

(4) 试件的实测极限拉力 F_{apu}；

(5) 达到实测极限拉力时的总应变 ε_{apu}；

(6) 试件的破坏部位与形式。

全部试验结果均应作出记录，并据此计算锚具、夹具或连接器的锚固效率系数 η_a 或 η_g。

2. 结果判定

如实验结果满足技术要求时，应判为合格；如有1个试件不符合要求，则应另取双倍数量重做试验；如仍有1个不合格，则该批为不合格品。

第十节　外　加　剂

一、依据标准

《混凝土外加剂》(GB8076—1997);
《普通混凝土拌合物性能试验方法》(GBJ50080—2002);
《普通混凝土力学性能试验方法》(GBJ50081—2002);
《普通混凝土长期性能与耐久性能试验方法》(GBJ82—85);
《混凝土外加剂匀质性试验方法》(GB/T8077—2000)。

二、产品组批和取样规定

(一) 组批规定

生产厂应根据产量和生产设备条件，将产品分批编号，掺量大于1%（含1%）同品种的外加剂每一编号为100t，掺量小于1%的外加剂，每一编号为50t，不足100t或50t的也可按一个批量计，同一编号的产品必须混合均匀。

(二) 取样方法

试样分点样和混合样。点样是在一次生产产品所得试样，混合样是三个或更多的点样数量均匀混合而取得的试样，每一编号取得的试样应充分混合，分为两份，一份按匀质性指标部分项目进行试验，另一份要备用。

(三) 取样数量

每一编号取样量不少于0.2t水泥所需用的外加剂量。

三、常规检验项目

外加剂的检验项目分掺外加剂混凝土的性能指标和外加剂的匀质性指标，需要检测的项目和要求分别列于表5-32和表5-33。

掺外加剂混凝土的性能指标 表 5-32

试验项目		外加剂品种																	
		普通减水剂		高效减水剂		早强减水剂		缓凝高效减水剂		缓凝减水剂		引气减水剂		早强剂		缓凝剂		引气剂	
		一等品	合格品	一等品	合格品	一等品	合格品	一等品	合格品	一等品	合格品	一等品	合格品	一等品	合格品	一等品	合格品	一等品	合格品
减水率(%)不小于		8	5	12	10	8	5	12	10	8	5	10	10	—	—	—	—	6	6
泌水率比(%)不大于		95	100	90	95	95	100	100		100		70	80	100		100	110	70	80
含气量(%)		≤3.0	≤4.0	≤3.0	≤4.0	≤3.0	≤4.0	<4.5		<5.5		>3.0		—		—		>3.0	
凝结时间之差(min)	初凝	-90~+120		-90~+120		-90~+120		>+90		>+90		-90~+120		-90~+120		>+90		>3.0	
	终凝							—		—						—		-90~+120	
抗压强度比(%)不小于	1d	—	—	140	130	140	130	—		—		—		135	125	—		—	
	3d	115	110	130	140	130	120	125	120	100		115	110	130	120	100	90	95	80
	7d	115	110	125	115	115	110	125	115	110		110		110	105	100	90	95	80
	28d	110	105	120	110	105	100	120	110	110	105	100		100	95	100	90	90	80
收缩率比(%)不大于	28d	135		135		135		135		135		135		135		135		135	
相对耐久性指标(%)200次,不小于		—		—		—		—		—		80	60	—		—		80	60
对钢筋锈蚀作用		应说明对钢筋有无锈蚀危害																	

注:1. 除含气量外,表中所列数据为掺外加剂混凝土与基准混凝土的差值或比值。

2. 凝结时间指标,"-"号表示提前,"+"号表示延缓。

3. 相对耐久性指标一栏中,"200 次≥80 和 60"表示将 28d 龄期的掺外加剂混凝土试件冻融循环 200 次后,动弹性模量保留值≥80%或≥60%。

4. 对于可以用高频振捣排除的,由外加剂所引入的气泡的产品,允许用高频振捣,达到某类型性能指标要求的外加剂,可按本表进行命名和分类,但须在产品说明书和包装上注明"用于高频振捣的××剂"

外加剂的匀质性指标　　表 5-33

测定项目	指　　标
固体含量	对液体外加剂，应在生产厂家所控制值的相对量的3%以内； 对固体外加剂，应在生产厂家所控制值的相对量的5%以内
密　　度	对液体外加剂，应在生产厂家所控制值的相对量的 $\pm 0.02g/cm^3$ 以内
细　　度	应在生产厂家所控制值的相对量的 5%以内
pH 值	应在生产厂家所控制值的 ±1%以内
氯离子含量	应在生产厂家所控制值的相对量的 5%以内
硫酸钠含量	应在生产厂家所控制值的相对量的 5%以内
总碱量	应在生产厂家所控制值的相对量的 5%以内
还原糖分	应在生产厂家所控制值的 ±3%以内
水泥净浆流动度	应不小于生产控制值的 95%
砂浆减水率	应在生产厂家所控制值的 ±1.5%以内

四、试验方法

(一) 材料

1. 水泥

采用基准水泥。在因故得不到基准水泥时，允许采用 C_3A 含量 6%～8%，总碱量（$Na_2O + 0.658K_2O$）不大于 1%的熟料和二水石膏、矿渣共同磨制的强度等级大于（含）42.5 级普通硅酸盐水泥。但仲裁仍需用基准水泥。

2. 砂

符合 GB/T14684 要求的细度模数为 2.6～2.9 的中砂。

3. 石子

符合 GB/T14685 粒径为 5 ~ 20mm（圆孔筛），采用二级配，其中 5 ~ 10mm 占 40%，10 ~ 20mm 占 60%。如有争议，以卵石试验结果为准。

4. 水

符合 JGJ63 要求。

5. 外加剂

需要检测的外加剂。

（二）配合比

基准混凝土配合比按 JGJ55 进行设计。掺非引气型外加剂混凝土和基准混凝土的水泥、砂、石的比例不变。配合比设计应符合以下规定：

1. 水泥用量：采用卵石时，310 ± 5kg/m^3，采用碎石时，（300 ± 5）kg/m^3。

2. 砂率：基准混凝土和掺外加剂混凝土的砂率均为 36% ~ 40%，但掺引气减水剂和引气剂的混凝土砂率应比基准混凝土低 1% ~ 3%。

3. 外加剂掺量：按科研单位或生产厂推荐的掺量。

4. 用水量：应使用混凝土坍落度达 80 ± 10mm。

（三）混凝土搅拌

采用 60L 自落式混凝土搅拌机，全部材料及外加剂一次投入，拌合量应不少于 15L，不大于 45L，搅拌 3min，出料后在铁板上用人工翻拌 2 ~ 3 次再行试验。

各种混凝土材料及试验环境温度均应保持在 20 ± 3℃。

（四）试件制作及试验所需试件数量

试件制作：混凝土试件制作及养护按 GBJ50080 进行，但混凝土预养温度为 20 ± 3℃。

试验项目及所需数量详见下表 5-34。

（五）混凝土拌合物性能试验

1. 减水率测定：

试验项目及所需数量　　表 5-34

试验项目	外加剂类别	试验类别	试验所需类别			
			混凝土拌合批数	每批取样数目	掺外加剂混凝土总取样数目	基准混凝土总取样数目
减水率	除早强剂、缓凝剂外各种外加剂	混凝土拌合物	3	1次	3次	3次
泌水率比	各种外加剂		3	1个	3个	3个
含水量	各种外加剂		3	1个	3个	3个
凝结时间差			3	1个	3个	3个
抗压强度比		硬化混凝土	3	9或12块	27或36块	27或36块
收缩比率			3	1块	3块	3块
相对耐久性指标		硬化混凝土	3	1块	3块	3块
钢筋锈蚀	引气剂、引气减水剂	新拌或硬化砂浆	3	1块	3块	3块

注：1. 试验时，检验一种外加剂的三批混凝土要在同一天内完成。

2. 试验龄期参考表1试验项目栏

减水率为坍落度基本相同时基准混凝土和掺外加剂混凝土单位用水量之差与基准混凝土单位用水量之比。坍落度按GBJ50080测定。减水率按式（5-47）计算：

$$W_R = \frac{W_0 - W_1}{W_0} \times 100 \tag{5-47}$$

式中　W_R——减水率（%）；

W_0——基准混凝土单位用水量（kg/m^3）；

W_1——掺外加剂混凝土单位用水量（kg/m^3）。

W_R 以三批试验的算术平均值计，精确到小数点后一位。若三批试验的最大值或最小值中有一个与中间值之差超过中间值的15%时，则把最大值与最小值一并舍去，取中间值作为该组试验的减水率。若有两个测值与中间值之差均超过15%时，则该批试验结果无效，应该重做。

2. 泌水率比测定

泌水率比按式（5-48）计算，精确到小数点后一位数。

$$B_R = \frac{B_t}{B_e} \times 100 \tag{5-48}$$

式中 B_R——泌水率之比（%）；

B_t——掺外加剂混凝土泌水率（%）；

B_e——基准混凝土泌水率（%）。

泌水率的测定和计算方法如下：

先用湿布润湿容积为5L的带盖筒（内径为185mm，高200mm），将混凝土拌合物一次装入，在振动台上振动20s，然后用抹刀轻轻抹平，加盖以防水分蒸发。试样表面应比筒口边低约20mm。自抹面开始计算时间，在前60min，每隔10min用吸液管吸出泌水一次，以后每隔20min吸水一次，直至连续三次无泌水为止。每次吸水前5min，应将筒底一侧垫高约20mm，使筒倾斜，以便于吸水。吸水后，将筒轻轻放平盖好。将每次吸出的水都注入带塞的量筒，最后计算出总的泌水量，准确至1g，并按式（5-49）、式（5-50）计算泌水率：

$$B = \frac{W_W}{\frac{W}{G} \times G_W} \times 100 \tag{5-49}$$

$$G_W = G_1 - G_0 \tag{5-50}$$

式中 B——泌水率（%）；

W_W——泌水总质量（g）；

W——混凝土拌合物的用水量（g）；

G——混凝土拌合物的总质量（g）；

G_W——试样质量（g）；

G_1——筒及试样质量（g）；

G_0——筒质量（g）。

试验时，每批混凝土拌合物取一个试样，泌水率取三个试样的算术平均值。若三个试样的最大值或最小值中有一个与中间值之差大于中间值的15%，则把最大值与最小值一并舍去，取中间值作为该组试验的泌水率，如果最大与最小值与中间值之差均大于中间值的15%时，则应重做。

3. 含气量

按GBJ50080用气水混合式含气量测定仪，并按该仪器说明进行操作，使混凝土拌合物一次装满并稍高于容器，用振动台振实15~20s，用高频插入式振捣器（ϕ25mm，14000次/min）在模型中心垂直插捣10s。

试验时，每批混凝土拌合物取一个试样，含气量取三个试样测值的算术平均值。若三个试样的最大值或最小值中有一个与中间值之差大于中间值的15%，则把最大值与最小值一并舍去，取中间值作为该组试验的泌水率，如果最大值与最小值与中间值之差均大于中间值的15%时，则应重做。

4. 凝结时间差测定

凝结时间之差的计算按式（5-51）。

$$\Delta T = T_t - T_e \tag{5-51}$$

式中　ΔT——凝结时间之差（min）；

T_t——掺外加剂混凝土的初凝或终凝时间（min）；

T_e——基准混凝土的初凝或终凝时间（min）。

凝结时间采用贯入阻力仪测定，仪器精度为5N，凝结时间测定方法参见第八节水泥混凝土的凝结时间的测定方法。

在结果评定时按照下面规定：

试验时，每批混凝土拌合物取一个试样，凝结时间取三个试样的凝结时间平均值。

若三批试验的最大值或最小值之中有一个与中间值之差超过30min时，则把最大值与最小值一并舍去，取中间值作为该组试验的凝结时间。

若两测值与中间值之差均超过30min时，该组试验结果无效，试验应重做。

（六）硬化混凝土

1．抗压强度比测定

抗压强度比以掺外加剂混凝土与基准混凝土同龄期抗压强度之比表示，按式（5-52）计算。

$$R_s = \frac{S_t}{S_e} \times 100 \tag{5-52}$$

式中 R_s——抗压强度比（%）；

S_t——掺外加剂混凝土的抗压强度（MPa）；

S_e——基准混凝土的抗压强度（MPa）。

掺外加剂与基准混凝土的抗压强度按GBJ50081进行试验和计算。

试件用振动台振动15～20s，用插入式高频器（ϕ25mm，14000次/min）振捣时间为8～12s。试件预养温度为20±3℃。

试验结果以三批试验测值的平均值表示，若三批试验中有一批的最大值或最小值与中间值的差值超过中间值的15%，则把最大值及最小值一并舍去，取中间值作为该批的试验结果，如有两批测值与中间值的差均超过中间值的15%，则试验结果无效，应该重做。

2．收缩率比测定

收缩率比以龄期28d掺外加剂混凝土与基准混凝土干缩率比值表示，按式（5-53）计算

$$R_e = \frac{\varepsilon_t}{\varepsilon_c} \times 100 \tag{5-53}$$

式中　$\dot{R}_e$——收缩率比（%）；

ε_t——掺外加剂的混凝土的收缩率（%）；

ε_c——基准混凝土的收缩率（%）。

掺外加剂及基准混凝土的收缩率按 GBJ82 测定和计算，试件用振动台成型，振动 15~20s，用插入式高频振动器（ϕ25mm，14000 次/min）插捣 8~12s。每批混凝土拌合物取一个试样，以三个试样收缩率的算术平均值表示。

3. 相对耐久性试验

按照 GBJ82 进行，试件采用振动台成型，振动 15~20s，用插入式高频振动器（ϕ25mm，14000 次/min）时，应距两端 120mm 各垂直插捣 8~12s。标准养护 28d 后进行冻融循环试验。

每批混凝土拌合物取一组试样，冻融循环次数以三个试件动弹性模量的算术平均值表示。

相对耐久性指标是以掺外加剂混凝土冻融 200 次后的动弹性模量降至 80%或 60%以上评定外加剂质量。

（七）匀质性指标试验

1. 固体含量

(1) 试验步骤

将洁净带盖的称量瓶放入烘箱中，在 100~105℃下烘 30min，取出放在干燥器中，冷却 30min 后称量，得到质量 m_0。

将被测样品装入称量瓶中，盖上盖称出样品和称量瓶的总质量 m_1。对固体样品称 1.0000~2.0000g，对液体样品称 3.0000~5.0000g。

将盛有样品的称量瓶放入烘箱中，打开瓶盖，升温至 100~105℃烘干，盖上盖，放在干燥器中冷却 30min 后称量，重复上述步骤直至恒量，记录质量 m_2。

(2) 计算

固体含量的计算按照式（5-54）计算。

$$X_{固} = \frac{m_2 - m_0}{m_1 - m_0} \times 100 \quad (5\text{-}54)$$

式中　$X_{固}$——固体含量（%）；

m_0——称量瓶的质量（g）；

m_1——样品和称量瓶的总质量（g）；

m_2——烘干后的样品和称量瓶的总质量（g）。

（3）结果评定

取两次试验的平均值，两次试验的差值不得超过0.3%。

2. 密度

外加剂的密度可以用比重瓶法、液体比重天平法和精密密度计法进行测量。

以下说明常用的比重瓶法。

（1）试验步骤

比重瓶依次用水、乙醇、丙酮和乙醚洗涤并吹干，塞子连瓶子一起放入干燥器中，反复称量，到恒量后记录其质量 m_0。

将预先煮沸并已经冷却的水装入瓶中，盖上盖子，使多余的水从瓶塞的毛细管流出，用吸水纸吸干瓶外的水。立即在天平上称出装满水后的瓶子质量 m_1。

将瓶中的水倒出，洗净、干燥、装满被测溶液，盖上塞子，浸入20±1℃的恒温器中，恒温20min取出，用吸水纸吸干瓶外和由毛细管溢出的水，在天平上称出瓶和外加剂的质量 m_2。

（2）计算

溶液密度的计算按式（5-55）进行。

$$\rho = \frac{m_e - m_0}{m_1 - m_0} \times 100 \quad (5\text{-}55)$$

式中　ρ——20℃时外加剂溶液的密度（g/mL）；

m_0——干燥的比重瓶的质量（g）；

m_1——比重瓶盛满20℃水后的质量（g）；

m_e——比重瓶盛满20℃外加剂溶液后的总质量（g）。

(3) 结果评定

取两次试验的平均值，两次试验的差值不得超过0.001g/mL。

3. 细度

细度的测定用筛析法。

使用的筛子的筛孔直径为0.315mm，每次试验的用量为10g。试验方法参照水泥细度试验方法的手筛法。

在结果评定时，取两次试验的平均值，两次试验的差值不得超过0.4%。

4. pH值

(1) 试验步骤

按照仪器的出厂说明书校正酸度计。

当酸度计校正好后，先用水，再用测试溶液冲洗电极，然后再将电极浸泡入测试溶液中。轻轻摇动试杯，使溶液均匀。待到酸度计的读数稳定1min后，记录读数。

一个样品测试两次。测试结束后，用水冲洗电极，以备下次使用。

(2) 结果评定

酸度计测出的结果即为溶液的pH值。

取两次试验的平均值，两次试验的差值不得超过0.2。

5. 水泥净浆流动度

(1) 试验步骤

将玻璃板放置在操作台上，用湿布抹擦玻璃板、截锥圆模、搅拌器和搅拌锅，使其表面湿而不带水渍。将截锥圆模放在玻璃板上，用湿布覆盖。

称量水泥300g，倒入搅拌锅内，加入推荐掺量的外加剂和87g或105g水，搅拌3min。

将拌好的净浆迅速地注入截锥圆模中，用刮刀刮平，将截锥圆模沿垂直方向提起，同时启动秒表，任净浆在玻璃板上流动，到30s时，用直尺量取流淌部分互相垂直的两个方向上的最大直径，取平均值作为水泥净浆流动度。

(2) 结果评定

表示水泥净浆流动度时，需注明用水量、所用水泥的强度等级、名称、型号、生产厂家和外加剂的掺量。

取两次试验的平均值，两次试验的差值不得超过5mm。

6. 水泥砂浆减水率

(1) 试验步骤

1) 基准水泥砂浆流动度用水量的测定

先使水泥砂浆搅拌机处于待工作状态。

把水加入锅内，再加入水泥450g，把锅放在搅拌机的固定架上，上升至固定位置，立即开动机器，低速搅拌30s后，再第二个30s开始的同时均匀地把1350g砂子加入，机器转入高速再拌和30s。停止90s，在第一个15s内用抹刀将叶片和锅壁上的胶砂刮入锅中间，再高速搅拌60s。各个阶段时间误差应在±1s内。

在拌合砂浆的同时，用湿布抹擦跳桌的玻璃台面、捣棒、截锥圆模及模套内壁，并把它们置于玻璃台面中心，盖上湿布。

将搅拌好的砂浆迅速地分两次装入模内，第一次装至截锥圆模的2/3高度处，用抹刀在相互垂直的方向上各划5次，并用捣棒自边缘到中心均匀插捣15次；接着装入第二层，装至高出截锥圆模的20mm，用抹刀在相互垂直的方向上各划10次，并用捣棒自边缘到中心均匀插捣10次。在装入砂浆和捣实时，用手将截锥圆模按住，不要使其移动。

捣好后取下模套，用抹刀将高出截锥圆模的砂浆刮去并抹平，将截锥圆模垂直向上提起，立即开动跳桌，使其连续跳动30次。

跳动完毕后，用卡尺量出砂浆底部的流动直径。取两个相互垂直的直径的平均值为该用水量的砂浆流动度。

重复以上操作，直至砂浆流动度达到180±5mm。当砂浆流动度达到180±5mm时的用水量即为基准水泥砂浆流动度用水量M_0。

2）将水和外加剂加入锅内，按上面的步骤进行试验直至测出掺外加剂砂浆流动度达到 180±5mm 时的用水量 M_1。

3）将外加剂和基准水泥砂浆流动度用水量 M_0 加入锅内，人工搅拌均匀。测定加入基准水泥砂浆流动度用水量时的砂浆流动度。

（2）减水率的计算

砂浆减水率（A）的计算按照按式（5-56）进行。

$$A = \frac{M_0 - M_1}{M_0} \times 100 \tag{5-56}$$

式中 A——砂浆减水率（%）；

M_0——基准砂浆流动度达到 180±5mm 时的用水量（g）；

M_1——掺外加剂 D 砂浆流动度达到 180±5mm 时的用水量（g）。

（3）结果评定

取两次试验的平均值，两次试验的差值不得超过 1.0%。

第十一节　钢材物理试验

一、依据标准

《钢筋混凝土用热轧带肋钢筋》（GB1499—1998）；

《钢筋混凝土用热轧光圆钢筋》（GB13013—1991）；

《低碳钢热轧圆盘条》（GB/T701—1997）；

《冷轧带肋钢筋》（GB13788—2000）；

《金属拉伸试验方法》（GB/T228—2002）；

《金属弯曲试验方法》（GB/T232—1999）；

《金属拉伸试验试样》（GB6397—1986）；

《碳素结构钢》（GB700—1988）；

《钢及钢产品力学性能试验取样位置及试样制备》（GB/T

2975—1998）。

二、组批和取样规定

（一）验收批的组成

钢材应按批进行检查和验收。每批由同一厂别、同一炉罐号、同一规格、同一交货状态、同一进厂时间的钢筋组成。

热轧带肋钢筋、热轧光圆钢筋、低碳钢热轧圆盘条、碳素结构钢每批数量不得大于60t。每批取试样一组。

冷轧带肋钢筋每批数量不得大于50t。每批取试样一组。

（二）取样数量

每组试件数量见表5-35。

试件数量表　　表5-35

钢筋种类	试件数量	
	拉伸试验	弯曲试验
热轧带肋钢筋	2个	2个
热轧光圆钢筋	2个	2个
低碳钢热轧圆盘条	1个	2个
冷轧带肋钢筋	逐盘1个	每批2个
碳素结构钢	1个	1个

（三）取样方法

凡取2个试件的（低碳钢热轧圆盘条冷弯试件除处）均应从任意两根（或两盘）中分别切取，即在每根钢筋上切取一个拉伸试件，一个弯曲试件。

低碳钢热轧圆盘条冷弯试件应取自同盘的两端。

试件在切取时,应在钢筋或盘条的任意一端截去50cm后切取。

试件长度：拉伸试件≥标称标距+200mm

弯曲度件≥标称标距+150mm

同时还应考虑材料试验机的有关参数确定其长度。

三、主要试验项目及技术指标

（一）试验项目

拉力试验（屈服点、抗拉强度、伸长率）

冷弯试验

（二）技术指标

1. 热轧带肋钢筋

热轧带肋钢筋的力学工艺性能指标见表5-36。

热轧带肋钢筋的力学工艺性能 表5-36

牌号	公称直径（mm）	σ_s（$\sigma_{P0.2}$）（MPa）	σ_b（MPa）	δ_5（%）	冷弯 d—弯心直径 a—钢筋公称直径
		不小于			
HRB335	6～25	335	490	16	180° $d=3a$
	28～50				180° $d=4a$
HRB400	6～25	400	570	14	180° $d=4a$
	28～50				180° $d=5a$
HRB500	6～25	500	630	12	180° $d=6a$
	28～50				180° $d=7a$

2. 热轧光圆钢筋

热轧光圆钢筋的力学工艺性能指标见表5-37。

热轧光圆钢筋的力学工艺性能 表5-37

表面形状	钢筋级别	强度等级代号	公称直径（mm）	屈服点σ_3（MPa）	σ_b（MPa）	δ_5（%）	冷弯 d—弯心直径 a—钢筋公称直径
				不小于			
光圆	I	R235	8～20	235	370	25	180° $d=a$

3. 低碳钢热轧圆盘条

低碳钢热轧圆盘条分为供建筑用和供拉丝用两种。它们的力学工艺性能指标分别见表5-38、表5-39。

供建筑用盘条的力学工艺性能 **表 5-38**

牌号	力学性能			冷弯试验 180° d—弯心直径 a—试样直径
	屈服点 σ_s（MPa）	抗拉强度 σ_b（MPa）	伸长率 δ_{10}（%）	
	不小于			
Q215	215	375	27	$d=0$
Q235	235	410	23	$d=0.5a$

供拉丝用盘条的力学工艺性能 **表 5-39**

牌号	力学性能		冷弯试验 180° d—弯心直径 a—试样直径
	抗拉强度 σ_b（MPa） 不大于	伸长率 δ_{10}（%） 不小于	
Q195	390	30	$d=0$
Q215	420	28	$d=0$
Q235	490	23	$d=0.5a$

4. 冷轧带肋钢筋

冷轧带肋钢筋的力学工艺性能指标见表 5-40。

冷轧带肋钢筋的力学工艺性能 **表 5-40**

牌号	σ_b（MPa）不小于	弯曲试验 180°	反复弯曲次数	伸长率不小于（%）		应力松弛 $\sigma_{con}=0.7\sigma_b$	
				$\delta10$	$\delta100$	1000h 不大于（%）	10h 不大于（%）
CRB550	550	$D=3d$	—	8.0	—	—	—
CRB650	650	—	3	—	4.0	8	5
CRB800	800	—	3	—	4.0	8	5
CRB970	970	—	3	—	4.0	8	5
CRB1170	1170	—	3	—	4.0	8	5

5. 碳素结构钢

碳素结构钢的力学、工艺性能指标分别见表5-41、表5-42。

碳素结构钢的力学性能 **表5-41**

牌号	等级	拉伸试验													冲击试验	
		屈服点 σ_sN(mm^2)						抗拉强度 σ_b (N/mm^2)	伸长率 δ_5(%)						温度(℃)	V形冲击功(纵向)
		钢材厚度(直径)(mm)							钢材厚度(直径)(mm)							
		≤16	>16~40	>40~60	>60~100	>100~150	>150		≤16	>16~40	>40~60	>60~100	>100~150	>150		
		不小于							不小于							不小于
Q195	—	(195)	(185)	—	—	—	—	315~430	33	32	—	—	—	—	—	—
Q215	A	215	205	195	185	175	165	335~450	31	30	29	28	27	26	—	—
	B														20	27
Q235	A	235	225	215	205	195	185	375~500	26	25	24	23	22	21	—	—
	B														20	27
	C														0	
	D														-20	
Q255	A	255	245	235	225	215	205	410~550	24	23	22	21	20	19	—	—
	B														20	27
Q275	—	275	265	255	245	235	225	490~630	20	19	18	17	16	15	—	—

碳素结构钢的工艺性能 **表5-42**

牌号	试样方向	冷弯试验 $B=2a$ 180°		
		钢材厚度(直径)(mm)		
		<60	>60~100	>100~200
Q195	纵	0	—	—
	横	0.5a		
Q215	纵	$0.5a$	$1.5a$	$2a$
	横	a	$2a$	$2.5a$
Q235	纵	a	$2a$	$2.5a$
	横	$1.5a$	$2.5a$	$3a$
Q255		$2a$	$3a$	$3.5a$
Q275		$3a$	$4a$	$4.5a$

四、试验方法

（一）试验速率

除非产品标准另有规定，试验速率取决于材料的特性并应符合下列要求。

1. 测定屈服强度和规定强度的试验速率

（1）上屈服强度（R_{eH}）

在弹性范围内和直至上屈服强度，试验机夹头的分离速率应尽可能保持恒定并在表 5-43 规定的应力速率的范围内。

应力速率　　表 5-43

材料弹性模量 E（N/mm²）	应力速率［N/（mm²·s）］	
	最　小	最　大
<150000	2	20
≥150000	6	60

（2）下屈服强度（R_{El}）

若仅测下屈服强度，在试样平行长度的屈服期间应变速率应在 0.00025/s～0.0025/s 之间。平行长度内的应变速率应尽可能保持恒定。如不能直接调节这一应变速率，应通过调节屈服即将开始前的应力速率来调整，在屈服完成之前不再调节试验机的控制。

任何情况下，弹性范围内的应力速率不得超过表 5-43 规定的最大速率。

（3）夹头分离速率

如试验机无能力测量或控制应变速率，直至屈服完成，应采用等效于表 5-43 规定地应力速率控制试验机夹头分离速率。

2. 测定抗拉强度（R_m）的试验速率

（1）塑性范围

平行长度的应变速率不应超过0.008/s。

(2) 弹性范围

如试验不包括屈服强度或规定强度的测定，试验机的速率可以达到塑性范围内允许的最大速率。

(二) 夹持方法

应使用例如楔形夹头、螺纹接头、套环夹头等合适的夹具夹持试样。

应尽最大努力确保夹持的试样受轴向拉力的作用。

(三) 拉力试验

1. 原始横截面积（S_0）的测定

(1) 厚度0.1～小于3mm薄板和薄带使用的试样类型

原始横截面积的测定应准确到±2%，当误差的主要部分是由于试样的厚度测量所引起的，宽度的测量误差不应超过±2%。应在试样的两端及中间三处测量宽度和厚度，取用三处测得的最小横截面积。按照式（5-57）计算：

$$S_0 = ab \tag{5-57}$$

(2) 厚度等于或大于3mm板材和扁材以及直径或厚度等于或大于4mm线材、棒材和型材使用的试样类型

应根据测量的原始试样的尺寸计算原始横截面积，测量每个尺寸应准确到±5%。

对于圆形截面试样，应在标距的两端积中间三处两个互相垂直的方向测量直径，取其算术平均值，取用三处测得的最小截面积，按照式（5-58）计算：

$$S_0 = \frac{1}{4}\pi d^2 \tag{5-58}$$

对于矩形截面试样，应在标距的两端及中间三处测量宽度和厚度，取用三处最小横截面积。

对于恒定截面积试样，可以根据测量的试样长度、试样的质量和材料的密度确定其原始截面积。试样长度的测量应准确到±5%，试样质量的测定应准确到±5%，密度应至少取3位有效

数字。原始横截面积按照式（5-59）计算：

$$S_0 = \frac{m}{\rho L_t} \times 1000 \tag{5-59}$$

（3）直径或厚度小于 4mm 线材、棒材和型材使用的试样类型

原始横截面积的测定应准确到 ± 1%。应在试样标距的两端及中间三处测量，取用三处测得的最小横截面积。

对于圆形横截面积的产品，应在两个相互垂直方向测量试样的直径，取其算术平均值计算横截面积，按照式（5-58）计算。

对于矩形和方形横截面的产品，测量试样的宽度和厚度，按照式（5-57）计算。对于恒定截面积试样，可以根据测量的试样长度、试样的质量和材料密度确定其原始横截面积，按照式（5-59）计算。

（4）管材使用的试样类型

试样原始横截面积的测定应准确到 ± 1%。

对于圆管纵向弧形试样，应在标距的两端及中间三处测量宽度和壁厚，取用三处测得的最小截面积。按照式（5-60）计算。计算时管外径取其标称值。

$$S_0 = \frac{b}{4}(D^2 - b^2)^{1/2} + \frac{D^2}{4}\arcsin\left(\frac{b}{D}\right) - \frac{b}{4}\left[(D-2a)^2 - b^2\right]^{1/2} - \left(\frac{D-2a}{2}\right)^2 \arcsin\left(\frac{b}{D-2a}\right) \tag{5-60}$$

可以使用下列简化公式计算圆管纵向弧形试样的原始横截面积：

$b/D < 0.25$ 时 $$S_0 = ab\left[1 + \frac{b^2}{6D(D-2a)}\right] \tag{5-61}$$

$b/D < 0.17$ 时 $$S_0 = ab \tag{5-62}$$

对于圆管横向矩形横截面积试样，应在标距的两端及中间三处测量宽度和厚度，取用三处测得的最小值横截面积。按照式（5-57）计算。

对于管段试样，应在其一端相互垂直方向测量外径和四处壁厚，分别取其算术平均值，按照式（5-63）计算。

$$S_0 = \pi a \left(D - a \right) \tag{5-63}$$

管段试样、不带头的纵向或横向试样的原始横截面积可以根据测量的试样长度、试样质量和材料密度确定，按照式（5-60）计算。

以式（5-60）~式（5-63）中各符号代表含义及单位如下：

a——矩形横截面试样厚度或管壁厚度（mm）；

b——矩形横截面试样平行长度的宽度或管的纵向剖条宽度或扁丝宽度（mm）；

d——圆形横截面试样平行长度的直径或圆丝直径（mm）；

D——管外径（mm）；

L_0——原始标距（mm）；

m——质量（g）；

ρ——密度（g/cm^3）；

L_t——试样总长度（mm）；

π——圆周率（至少取4位有效数字）。

2. 原始标距（L_0）的标记

应用小标记、细划线或细墨线标记原始标距，但不得用引起过早断裂的缺口作标记。

对于比例试样，应将原始标距的计算值修约至最接近5mm的倍数，中间数值向较大一方修约。原始标距的标记应准确到±1%。

如平行长度比原始标距长许多，例如，不经机加工的试样，可以标记一系列套叠的原始标距。有时，可以在试样表面划一条平行于试样纵轴的线，并在此线上标记原始标距。

3. 屈服强度测定

(1) 图解方法

试验时记录力-延伸曲线或力-位移曲线。从曲线图读取力首次下降前的最大力和不计初始瞬时效应时屈服阶段中最小力或屈服平台的恒定力。将其分别除以试样原始横截面积得到上屈服强度和下屈服强度。仲裁试验采用图解方法。

(2) 指针方法

试验时，读取测力度盘指针首次回转前的指示的最大力和不计初始瞬时效应时屈服阶段指示的最小力或首次停止转动指示的恒定力。将其分别除以试样原始横截面积得到上屈服强度和下屈服强度。

4. 抗拉强度测定

采用图解方法或指针方法测定抗拉强度

对于呈现明显屈服（不连续屈服）现象的金属材料，从记录的力-延伸或力-位移曲线图，或从测力度盘，读取过了屈服阶段之后的最大力；对于呈现无明显屈服（连续屈服）现象的金属材料，从记录的力-延伸或力-位移曲线图，或从测力度盘，读取试验过程中的最大力。最大力除以试样原始横截面积得到抗拉强度。

5. 断后伸长率的测定

为了测定断后伸长率，应将试样断裂的部分仔细地配接在一起使其轴线处于同一直线上，并采取特别措施确保试样断裂部分适当接触后测量试样断后标距。应使用分辨力优于 0.1mm 的量具或测量装置测定断后标距，准确到 ±0.25mm。

如规定的最小断后伸长率小于 5%，建议采用特殊方法进行测定。推荐方法如下：

试验前在平行长度的一端处作一很小的标记。使用调节到标距的分规，以此标记为圆心划以圆弧。拉断后，将断裂的试样置于一装置上，最好借助螺丝施加轴向力，使其在测量时牢固地对接在一起。以原圆为圆心，以相同地半径划第二个圆弧。用工具显微镜或其他合适地仪器测量两个圆弧之间的距离即为断后伸长，准确到 ±0.02mm。为使划线清晰可见，试验前涂上一层染料。

原则上只有断裂处与最接近的标距标记的距离不小于原始标距的三分之一情况时有效。但断后伸长率大于或等于规定值，不管断裂位置处于何处，测量均为有效。

为了避免因发生在规定的范围以外的断裂而造成试样报废，可采用位移方法测定断后伸长率。

位移方法：

(1) 试验前将原始标距（L_0）细分为 N 等份。

(2) 试验后，以符号 X 表示断裂后试样短段的标距标记，以符号 Y 表示断裂试样长度的等分标记，此标记与断裂处的距离最接近于断裂处至标距标记 X 的距离。

如 X 与 Y 之间的分格数为 n，按如下测定断后伸长率：

①如 $N-n$ 为偶数，测量 X 与 Y 之间的距离和测量从 Y 至距离为

$$\frac{1}{2}(N-n)$$

个分格的 Z 标记之间的距离。按照式（5-64）计算断后伸长率：

$$A=\frac{XY+2YZ-L_0}{L_0}\times 100 \quad (5\text{-}64)$$

②$N-n$ 为奇数，测量 X 与 Y 之间的距离，和测量从 Y 至距离分别为：

$$\frac{1}{2}(N-n-1) \text{ 和 } \frac{1}{2}(N-n+1)$$

个分格的 Z' 和 Z'' 标记之间的距离。按照式（5-65）计算断后伸长率：

$$A=\frac{XY+YZ'+YZ''-L_0}{L_0}\times 100 \quad (5\text{-}65)$$

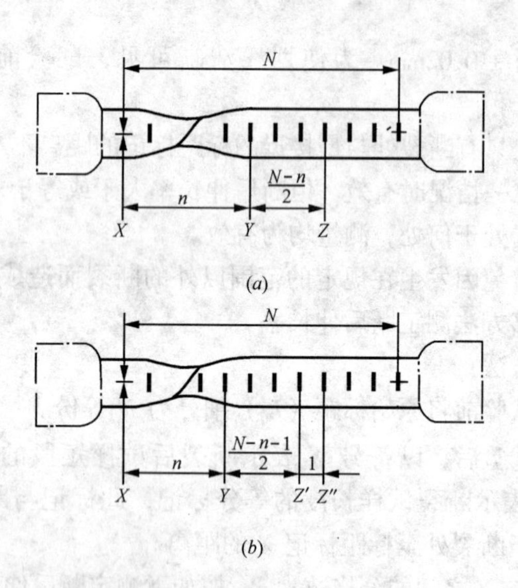

图 5-3　移位方法的图示说明

6. 性能测定结果数值修约

性能结果数值的修约间隔见表 5-44。

性能结果数值的修约间隔　　表 5-44

性　能	范　围	修约间隔
R_{eH}，R_{eL}，R_p，R_t，R_r，R_m	≤200N/mm² 大于 200～1000N/mm² 大于 1000N/mm²	1N/mm² 5N/mm² 10N/mm²
A_e		0.05%
A，A_t，A_{gt}，A_g		0.5%
Z		0.5%

(四) 冷弯试验

1. 试验设备

(1) 支辊式弯曲装置：支辊长度应大于试样宽度或直径。支辊半径应为 1～10 倍试样厚度。支辊应具有足够的硬度。除非另有规定，两支辊间距离应按照式（5-66）确定。此距离在试验期间应保持不变。

$$l = (d + 3a) \pm 0.5a \tag{5-66}$$

（2）V形模具式弯曲装置：模具的V形槽角度应为$180° - \alpha$。弯曲压头的圆角半径为$d/2$。

模具的支承棱边应倒圆，其倒圆半径应为1～10倍试样厚度。模具和弯曲压头宽度应大于试样宽度或直径。

（3）虎钳式弯曲装置：装置由虎钳配备足够硬度的弯心组成。可以配置加力杠杆。弯心直径应按照相关产品标准要求，弯心宽度应大于试样宽度或直径。

（4）翻版式弯曲装置：翻板带由楔形滑块，滑块宽度应大于试样宽度或直径。滑块应具有足够的硬度。翻板固定在耳轴上，试验时能绕耳轴轴线转动。耳轴连接弯曲角度指示器，指示0°～180°的弯曲角度。翻板间距离应为两翻板的试样支承面同时垂直于水平轴线时两支承面间的距离。按照式（5-67）计算：

$$l = (d + 2a) + e \tag{5-67}$$

式中　e可取值2～6mm

弯曲压头直径应符合相关产品标准中规定。弯曲压头宽度应大于试样宽度或直径。弯曲压头的压杆其厚度应略小于弯曲压头直径。

2. 试验程序

试样弯曲至规定弯曲角度的试验，应将试样放于两支辊或V形模具或两水平翻板上，试样轴线应与弯曲压头轴线垂直，弯曲压头在两支座之间的中点处对试样连续缓慢施加弯曲力使其弯曲，直至达到规定的弯曲角度。

如不能直接达到规定的弯曲角度，应将试样置于两平行压板之间，连续施加力压其两端使其进一步弯曲，直至达到规定的弯曲角度。

3. 试验结果评定

应按照相关产品标准的要求评定弯曲试验结果。如未规定具体要求，弯曲试验后试样弯曲外表面无肉眼可见裂纹时应评定为合格。

第十二节　钢筋焊接

一、钢筋焊接试验有关的标准、规范、规程

《钢筋焊接及验收规程》（JGJ18—2003）；

《混凝土结构工程施工及验收规范》（GB50204—2002）；

《钢筋焊接接头试验方法》（JGJ/T27—2001）；

《建筑钢结构焊接规程》（JGJ81—2002）；

《钢结构工程施工质量验收规范》（GB50205—2001）。

二、组批和取样规定

（一）钢筋闪光对焊接头

闪光对焊接头的质量检验，应分批进行力学性能检验，并应按下列规定作为一个检验批：

1. 在同一台班内，由同一焊工完成的300个同牌号、同直径钢筋焊接接头应作为一批。当同一台班内焊接的接头数量较少，可在一周之内累计计算；累计仍不足300个接头时，应按一批计算；

2. 力学性能检验时，应从每批接头中随机切取6个接头，其中3个做拉伸试验，3个做弯曲试验；

3. 焊接等长的预应力钢筋（包括螺丝端杆与钢筋）时，可按生产时同等条件制作模拟试件；

4. 螺丝端杆接头可只做拉伸试验；

5. 封闭环式箍筋闪光对焊接头，以600个同牌号、同规格的接头作为一批，只做拉伸试验。

（二）钢筋电弧焊接头

电弧焊接头的质量检验，应分批进行力学性能检验，并应按

下列规定作为一个检验批：

1. 在现浇混凝土结构中，应以 300 个同牌号钢筋、同形式接头作为一批；在房屋结构中，应在不超过二楼层中 300 个同牌号钢筋、同形式接头作为一批。每批随机切取 3 个接头，做拉伸试验。

2. 在装配式结构中，可按生产条件制作模拟试件，每批 3 个，做拉伸试验。

3. 钢筋与钢板电弧接焊头可只进行外观检查。

注意：在同一批中若有几种不同直径的钢筋焊接接头，应在最大直径钢筋接头中切取 3 个试件，以下电渣压力焊接头，气压焊接取样均同。

（三）钢筋电渣压力焊接头

电渣压力焊接头的质量检验，应分批进行力学性能检验，并应按下列规定作为一个检验批：

在现浇钢筋混凝土结构中，应以 300 个同牌号钢筋接头作为一批；在房屋结构中，应在不超过二楼层中 300 个同牌号钢筋接头作为一批；当不足 300 个接头时，仍应作为一批。每批随机切取 3 个接头做拉伸试验。

（四）钢筋气压焊接头

气压焊接头的质量检验，应分批进行力学性能检验，并应按下列规定作为一个检验批：

1. 在现浇钢筋混凝土结构中，应以 300 个同牌号钢筋接头作为一批；在房屋结构中，应在不超过二楼层中 300 个同牌号钢筋接头作为一批；当不足 300 个接头时，仍应作为一批。

2. 在柱、墙的竖向钢筋连接中，应从每批接头中随机切取 3 个接头做拉伸曲试验；在梁、板的水平钢筋连接中，应另切取 3 个接头做弯曲试验。

（五）预埋件钢筋 T 形接头

1. 进行力学性能检验时，应以 300 件同类型预埋件作为一批。一周内连续焊接时，可累计计算。当不足 300 件时，亦应按一批计算。

2. 应从每批预埋件中取随机切取 3 个接头做拉伸试验，试件的钢筋长度应大于或等于 200mm，钢板的长度和宽度均应大于或等于 60mm。

三、常规检测项目和技术指标

（一）常规检测项目

焊接试件接头的抗拉强度和冷弯性能。

（二）技术指标

抗拉强度应满足不低于钢材原材所属种类的抗拉强度值。

冷弯性能在试件接头用规定的冷弯头弯至规定的弯曲角度后，不得出现裂纹、破断现象。

四、试验方法

（一）拉伸试验

1. 试验方法

根据钢筋的级别和直径，应选用合适的拉力试验机或万能试验机。

夹紧装置应根据试样规格选用，在拉伸过程中不得与钢筋产生相对滑移。

在使用预埋件 T 形接头拉伸试验吊架时，应将拉杆夹紧于试验机的上钳口内，试样的钢筋应穿过垫板放入吊架的槽孔中心，钢筋下端应夹紧于试验机的下钳口内。

试验前应采用游标卡尺复核钢筋的直径和钢板厚度。

用静拉伸力对试样轴向拉伸时应连续而平稳，加载速率宜为 10 ~ 30MPa/s，将试样拉至断裂（或出现缩颈），可从测力盘上读取最大力或从拉伸曲线图上确定试验过程中的最大力。

试验中，当试验设备发生故障或操作不当而影响试验数据时，试验结果应视为无效。

当在试样断口上发现气孔、夹渣、未焊透、烧伤等焊接缺陷时，应在试验记录中注明。

抗拉强度应按式（5-68）计算：

$$\sigma_b = \frac{E_b}{S_0} \times 100 \tag{5-68}$$

式中 σ_b——抗拉强度（MPa），试验结果数值应修约到5MPa，修约的方法应按现行国家标准《数值修约规则》GB8170的规定进行；

F_b——最大力（N）；

S_0——试样公称截面面积（mm^2）。

2．结果评定

（1）预埋件钢筋T形接头拉伸试验结果，3个试件的抗拉强度均应符合下列要求：

HPB235钢筋接头不得小于350N/mm^2；

HRB335钢筋接头不得小于470N/mm^2；

HRB400钢筋接头不得小于550N/mm^2。

当试验结果的3个试件中有小于规定值时，应进行复验。复验时，应再取6个试件。复验结果，其抗拉强度均达到上述要求时，应评定该批接头作为合格品。

（2）钢筋闪光对焊接头、电弧焊接头、电渣压力焊接头、气压焊接头拉伸试验结果均应符合下列要求：

1）3个热轧钢筋接头试件的抗拉强度均不得小于该牌号钢筋规定的抗拉强度；RRB400钢筋接头试件的抗拉强度均不应小于570N/mm^2；

2）至少应有2个试件断于焊缝之外，并应呈延性断裂。

当达到上述2项要求，应评定该批接头为抗拉强度合格。

当试验结果有2个试件抗拉强度小于钢筋规定的抗拉强度，或3个试件均在焊缝或热响区发生脆性断裂时，则一次判定该批接头为不合格品。

当试验结果1个试件的抗拉强度小于规定值，或2个试件在焊缝或热影响区发生脆性断裂，其抗拉强度均小于钢筋规定抗拉强度的1.10倍时，应进行复验。

复验时，应再切取6个试件。复验结果，当仍有1个试件的抗拉强度小于规定值，或有3个试件断于焊缝或热影响区，呈脆性断裂，其抗拉强度小于钢筋规定抗拉强度的1.10倍时，应判定该批接头为不合格品。

当接头试件虽断于焊缝或影响区，呈脆性断裂，但其抗拉强度大于或等钢筋规定抗拉强度的1.10倍时，可按断于焊缝或热影响区之外，呈延性断裂同等对待。

（二）弯曲试验

1. 试验方法

试样的长度宜为两支辊内侧距离另加150mm，内侧距离指弯心直径加2.5倍钢筋直径。

应将试样受压面的金属毛刺和镦粗变形部分去除，直至与母材外表齐平。

弯曲试验可在压力机或万能试验机上进行。

进行弯曲试验时，试样应放在两支点上，并应使焊缝中心与压头中心线一致，应缓慢地对试样施加弯曲力，直至达到规定的弯曲角度或出现裂纹、破断为止。

压头弯心直径和弯曲角度应按表5-45的规定确定。

压头弯心直径和弯曲角度 **表5-45**

序　号	钢筋牌号	弯　心　直　径		弯曲角度
		$d \leqslant 25$（mm）	$d > 25$（mm）	
1	HPB235	$2d$	$3d$	90°
2	HRB335	$4d$	$5d$	90°
3	HRB400	$5d$	$6d$	90°
4	HRB500	$7d$	$8d$	90°

在试验过程中，应采取安全措施，防止试样突然断裂伤人。

2. 结果评定

当试验结果是在弯至90°后，有2个或3个试件外侧(含焊缝和热影响区)未发生破裂，应评定该批接头弯曲试验合格。

当3个试件均发生破裂，则一次判定该批接头为不合格品。

当有2个试件发生破裂，应进行复验。

复验时，应再切取6个试件。复验结果，当有3个试件发生破裂时，应判定该批接头为不合格品。

注：当试件外侧横向裂纹宽度达0.5mm时，应认定已破裂。

第十三节 砌筑砂浆

一、定义和分类

(一) 定义

砂浆是由胶结料、细集料、掺加料和水配制而成的建筑工程材料，在建筑工程中起粘结、衬垫和传递应力的作用。

砌筑砂浆是将砖、石、砌块等粘结成为砌体的砂浆。

水泥砂浆是由水泥、细骨料和水配制成的砂浆。

混合砂浆是由水泥、细骨料、掺合料和水配制成的砂浆。

(二) 分类

砌筑砂浆分为混合砂浆、水泥砂浆。

砂浆的强度等级一般分为M20，M15，M10，M7.5，M5，M2.5。

二、依据标准

《砌筑砂浆配合比设计规程》(JGJ98—2000)；

《建筑砂浆基本性能试验方法》(JGJ70—1990)；

《砌体工程施工及验收规范》(GB50203—2002)。

三、主要检验项目

稠度、分层度及强度

四、试验方法

（一）稠度试验

本方法适用于确定配合比或施工过程中控制砂浆的稠度，以达到控制用水量为目的。

1．稠度试验所用仪器应符合下列规定

砂浆稠度仪：由试锥、容器和支座三部分组成。试锥由钢材或铜材制成，试锥高度为145mm、锥底直径为75mm、试锥连同滑杆的重量应为300g；盛砂浆容器由钢板制成，筒高为180mm，锥底内径为150mm；支座分底座、支架及稠度显示三个部分，由铸铁、钢及其他金属制成。

钢制捣棒：直径10mm，长350mm，端部磨圆。

2．稠度试验应按下列步骤进行

砂浆容器和试锥表面用湿布擦干净，并用少量润滑油轻擦滑杆，将滑杆上多余的油用吸油纸擦净，使滑杆能自由滑动。

将砂浆拌合物一次装入容器，使砂浆表面低于容器口约10mm左右，用捣棒自容器中心向边缘插捣25次，然后轻轻地将容器摇动或敲击5~6下，使砂浆表面平整，随后将容器置于稠度测定仪的底座上；

拧开试锥滑杆的制动螺丝，向下移动滑杆，当试锥尖与砂浆表面刚接触时，拧紧制动螺丝，使齿条测杆下端刚接触滑杆上端，并将指针对准零点上；

拧开制动螺丝，同时计时间，待10s立即固定螺丝，将齿条测杆下端接触滑杆上端，从刻度盘上读出下沉深度（精确1mm）即为砂浆的稠度值；

圆锥形容器内的砂浆，只允许测定一次稠度，重复测定时，应重新取样测定。

3．稠度试验结果处理

（1）取两次试验结果的算术平均值，计算值精确至1mm；

（2）两次试验值之差如大于20mm，则应另取砂浆搅拌后重新测定。

（二）分层度试验

本方法适用于测定砂浆拌合物在运输及停放时内部组分的稳定性。

1. 分层度试验所用仪器应符合下列规定

砂浆分层度筒（见图 5-4）内径为 150mm，上节高度为 200mm，下节带底净高为 100mm，用金属板制成，上、下层连接处需加宽 3～5mm，并设有橡胶垫圈。

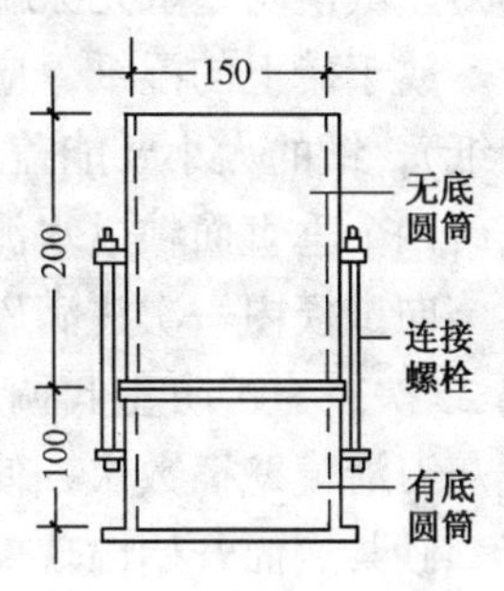

图 5-4 砂浆分层度测定仪

2. 分层度试验

将砂浆拌合物按稠度试验方法测定稠度；

将砂浆拌合物一次装入分层度筒内，待装满后，用木锤在容器周围距离大致相等的四个不同地方轻轻敲击 1～2 下，如砂浆沉落到低于筒口，则应随时添加，然后刮去多余的砂浆并用抹刀抹平。

静置 30min 后，去掉上节 200mm 砂浆，剩余的 100mm 砂浆倒出放在拌合锅内拌 2min，再按稠度试验方法测其稠度。前后测得的稠度之差即为该砂浆的分层度值（mm）。

3. 快速法测定分层度试验

按稠度试验方法测定稠度；

将分层度筒预先固定在振动台上，砂浆一次装入分层度筒内，振动 20s；

去掉上节 200mm 砂浆，剩余 100mm 砂浆倒出放在拌合锅内拌 2min，再按稠度试验方法测其稠度，前后测得的稠度之差即可认为是该砂浆的分层度值。

但如有争议时，以非快速法为准。

4. 分层度试验结果应按下列要求处理

取两次试验结果的算术平均值作为该砂浆的分层度值；

两次分层度试验值之差如大于20mm，应重做试验。

（三）立方体抗压强度试验

本方法适用于测定砂浆立方体抗压强度。

1. 试件的制作及养护

制作砌筑砂浆试件时，将无底试模放在预先铺有吸水性较好的纸的普通黏土砖上（砖的吸水率不小于10%，含水率不大于2%），试模内壁事先涂刷薄层机油或脱模剂；

放于砖上的湿纸，应为湿的新闻纸（或其他未粘过胶凝材料的纸），纸的大小要能盖过砖的四边为准，砖的使用面要求平整，凡砖四个垂直面粘过水泥或其他胶结材料后，不允许再使用；

向试模内一次注满砂浆，用捣棒均匀由外向里按螺旋方向插捣25次，为了防止低稠度砂浆插捣后，可能留下孔洞，允许用油灰刀沿模壁插数次，使砂浆高出试模顶面6~8mm；

砂浆表面开始出现麻斑状态时（约15~30min）将高出部分的砂浆沿试模顶面削去抹平；

试件制作后应在20±5℃温度环境下停置一昼夜（24±2h），当气温较低时，可适当延长时间，但不应超过两昼夜，然后对试件进行编号并拆模。试件拆模后，应在标准养护条件下，继续养护至28d，然后进行试压。

2. 试件的养护

（1）标准养护

标准养护的条件是：

水泥混合砂浆应在温度20±3℃，相对湿度60%~80%；

水泥砂浆和微沫砂浆应为温度20±3℃，相对湿度90%以上；

养护期间，试件彼此间隔不少于10mm。

（2）自然养护

当无标准养护条件时，可采用自然养护：

水泥混合砂浆应在正温度，相对湿度为60%~80%的条件下（如养护箱中或不通风的室内）养护；

水泥砂浆和微沫砂浆应在正温度并保持试块表面湿润的状态

下（如湿砂堆中）养护；

养护期间必须作好温度记录。

在有争议时，以标准养护条件为准。

3. 砂浆立方体抗压强度试验

试件养护地点取出后,应立即进行试验,以免试件内部的温湿度发生显著变化。试验前先将试件擦拭干净,测量尺寸,并检查其外观。试件尺寸测量精确至1mm,并据此计算试件的承压面积。如实测尺寸与公称尺寸之差不超过1mm,可按公称尺寸进行计算；

将试件安放在试验机的下压板上（或下垫板上），试件的承压面应与成型时的顶面垂直，试件中心应与试验机下压板（或下垫板）中心对准。开动试验机，当上压板与试件（或上垫板）接近时，调整球座，使接触面均衡受压。承压试验应在连续而均匀地加荷，加荷速度应为每秒钟 0.5 ~ 1.5kN（砂浆强度 5MPa 及 5MPa 以下时，取下限为宜，砂浆强度 5MPa 以上时，取上限为宜），当试件接近破坏而开始迅速变形时，停止调整试验机油门，直至试件破坏，然后记录破坏荷载。

4. 强度计算

砂浆立方体抗压强度应按公式（5-69）计算：

$$f_{m,cu} = \frac{N_u}{A} \tag{5-69}$$

式中 $f_{m,cu}$——砂浆立方体抗压强度（MPa）；

N_u——立方体破坏压力（N）；

A——试件承压面积（mm^2）。

砂浆立方体抗压强度计算应精确至 0.1MPa。

以六个试件测值的算术平均值作为该组试件的抗压强度值，平均值计算精确至 0.1MPa。

当六个试件的最大值或最小值与平均值的差超过 20%时，以中间四个试件的平均值作为该组试件的抗压强度值。

（四）砂浆强度评定验收方法

同一验收批砂浆试块抗压强度平均值必须大于或等于设计强

度等级所对应的立方体抗压强度；同一验收批砂浆试块抗压强度的最小一组强度值必须大于或等于设计强度等级所对应的立方体抗压强度的0.75倍。

砌筑砂浆的验收批应是同一类型、同一强度等级的砂浆且不少于3组。当同一验收批只有一组试块时，该组试块抗压强度的平均值必须大于或等于设计强度等级所对应的立方体抗压强度。砂浆强度应以标准养护龄期为28天的试块抗压试验结果为准。

第十四节　预应力混凝土用钢绞线

一、依据标准

《预应力混凝土用钢绞线》(GB/T5224—2003)；

《金属拉伸试验方法》(GB/T228—2002)。

二、分类

预应力钢绞线可以按结构进行分类，分类结果见表5-46。

预应力钢绞线按结构分类结果　　**表5-46**

分　　类	结　构
用两根钢丝捻制的钢绞线	1×2
用三根钢丝捻制的钢绞线	1×3
用三根刻痕钢丝捻制的钢绞线	1×3I
用七根钢丝捻制的钢绞线	1×7
用七根钢丝捻制又经模拔的钢绞线	(1×7) C

三、检验规则

(一) 组批规定

预应力钢绞线应成批验收，每批由同一牌号、同一规格、同一生产工艺制度的钢绞线组成，每批重量不大于60t。

（二）取样数量和方法

从每批钢绞线中应逐盘进行表面、外形尺寸检查。每批中任取3盘，进行力学性能检测。如每批少于3盘，则应逐盘进行上述检验。

四、常规试验项目

（一）尺寸及允许偏差

1×2、1×3和1×7结构钢绞线的尺寸及允许偏差分别见表5-47、表5-48和表5-49。

1×2结构钢绞线尺寸及允许偏差　　表5-47

钢绞线结构	公称直径		钢绞线参考截面积 S_n（mm^2）	钢绞线直径允许偏差（mm）
	钢绞线直径 D_n（mm）	钢丝直径 d（mm）		
1×2	5.00	2.50	9.82	+0.15 -0.05
	5.80	2.90	13.2	
	8.00	4.00	25.1	+0.25 -0.10
	10.00	5.00	39.3	
	12.00	6.00	56.5	

1×3结构钢绞线尺寸及允许偏差　　表5-48

钢绞线结构	公称直径		钢绞线测量尺寸 A（mm）	测量尺寸 A 允许偏差（mm）	钢绞线参考截面积 S_n（mm^2）
	钢绞线直径 D_n（mm）	钢丝直径 d_n（mm）			
1×3	6.20	2.90	5.41	+0.15 -0.05	19.8
	6.50	3.00	5.60		21.2
	8.60	4.00	7.46	+0.20 -0.10	37.7
	8.74	4.05	7.56		38.6
	10.80	5.00	9.33		58.9
	12.90	6.00	11.2		84.8
1×3 I	8.74	4.05	7.56		38.6

1×7 结构钢绞线尺寸及允许偏差　　表 5-49

钢绞线结构	公称直径 D_n（mm）	直径允许偏差（mm）	钢绞线参考截面积 S_n（mm^2）	每米钢绞线参考质量（g/m）	中心钢丝直径 d_0 加大范围（%）不小于
1×7	9.50	+0.30 -0.15	54.8	430	2.5
	11.10		74.2	582	
	12.70	+0.40 -0.20	98.7	775	
	15.20		140	1101	
	15.70		150	1178	
	17.80		191	1500	
（1×7）C	12.70	+0.40 -0.20	112	890	
	15.20		165	1295	
	18.00		223	1750	

（二）力学性能

1×2、1×3 和 1×7 结构钢绞线的尺寸及允许偏差分别见表 5-50、表 5-51 和表 5-52。

1×2 结构钢绞线力学性能　　表 5-50

钢绞线结构	钢绞线公称直径 D_n(mm)	抗拉强度 R_m(MPa) 不小于	整根钢绞线的公称最大力 F_m(kN) 不小于	规定非比例延伸力 $F_{p0.2}$(kN) 不小于	最大力总伸长率(L_0 ≥400mm) A_{gt}(%) 不小于	应力松弛性能：初始负荷相当于公称最大力的百分数(%)	应力松弛性能：1000h 后应力松弛率，r(%) 不大于
1×2	5.00	1570	15.4	13.9	对所有规格	对所有规格	对所有规格
		1720	16.9	15.2			
		1860	18.3	16.5			
		1960	19.2	17.3			
	5.80	1570	20.7	18.6		60	1.0
		1720	22.7	20.4			
		1860	24.6	22.1			
		1960	25.9	23.3	3.5	70	2.5

续表

钢绞线结构	钢绞线公称直径 D_n(mm)	抗拉强度 R_m(MPa)不小于	整根钢绞线的公称最大力 F_m(kN)不小于	规定非比例延伸力 $F_{p0.2}$(kN)不小于	最大力总伸长率(L_0 ≥400mm) A_{gt}(%)不小于	应力松弛性能	
						初始负荷相当于公称最大力的百分数(%)	1000h 后应力松弛率, r(%)不大于
1×2	8.00	1470	36.9	33.2		80	4.5
		1570	39.4	35.5			
		1720	43.2	38.9			
		1860	46.7	42.0			
		1960	49.2	44.3			
	10.00	1470	57.8	52.0			
		1570	61.7	55.5			
		1720	67.6	60.8			
		1860	73.1	65.8			
		1960	77.0	69.3			
	12.00	1470	83.1	74.8			
		1570	88.7	79.8			
		1720	97.2	87.5			
		1860	105	94.5			

注：规定非比例延伸力 $F_{p0.2}$值不小于整根钢绞线公称最大力 F_m 的 90%。,

1×3 结构钢绞线力学性能　　表 5-51

钢绞线结构	钢绞线公称直径 D_n(mm)	抗拉强度 R_m(MPa)不小于	整根钢绞线的公称最大力 F_m(kN)不小于	规定非比例延伸力 $F_{p0.2}$(kN)不小于	最大力总伸长率(L_0 ≥400mm) A_{gt}(%)不小于	应力松弛性能	
						初始负荷相当于公称最大力的百分数(%)	1000h 后应力松弛率, r(%)不大于
1×3	6.20	1570	31.1	28.0	对所有规格	对所有规格	对所有规格
		1720	34.1	30.7			

续表

钢绞线结构	钢绞线公称直径 D_n(mm)	抗拉强度 R_m(MPa) 不小于	整根钢绞线的公称最大力 F_m(kN) 不小于	规定非比例延伸力 $F_{p0.2}$(kN) 不小于	最大力总伸长率($L_0 \geq 400mm$) A_{gt}(%) 不小于	应力松弛性能	
						初始负荷相当于公称最大力的百分数(%)	1000h 后应力松弛率, r(%) 不大于
1×3	6.20	1860	36.8	33.1	3.5	60	1.0
		1960	38.8	34.9			
	6.50	1570	33.3	30.0			
		1720	36.5	32.9			
		1860	39.4	35.5			
		1960	41.6	37.4			
	8.60	1470	55.4	49.9		70	2.5
		1570	59.2	53.3			
		1720	64.8	58.3			
		1860	70.1	63.1			
		1960	73.9	66.5			
	8.74	1570	60.6	54.5			
		1670	64.5	58.1			
		1860	71.8	64.6			
	10.80	1470	86.6	77.9		80	4.5
		1570	92.5	83.3			
		1720	101	90.9			
		1860	110	99.0			
		1960	115	104			
	12.90	1470	125	113			
		1570	133	120			
		1720	146	131			
		1860	158	142			
		1960	166	149			
(1×3)Ⅰ	8.74	1570	60.6	54.5			
		1670	64.5	58.1			
		1860	71.8	64.6			

注：规定非比例延伸力 $F_{p0.2}$值不小于整根钢绞线公称最大力 F_m 的 90%。

1×7结构钢绞线力学性能　　表 5-52

钢绞线结构	钢绞线公称直径 D_n(mm)	抗拉强度 R_m(MPa) 不小于	整根钢绞线的公称最大力 F_m(kN) 不小于	规定非比例延伸力 $F_{p0.2}$(kN) 不小于	最大力总伸长率($L_0 \geq 400mm$) A_{gt}(%) 不小于	应力松弛性能	
						初始负荷相当于公称最大力的百分数(%)	1000h 后应力松弛率，r(%) 不大于
1×7	9.50	1720	94.3	84.9	对所有规格	对所有规格	对所有规格
		1860	102	91.8			
		1960	107	96.3			
	11.10	1720	128	115		60	1.0
		1860	138	124			
		1960	145	131			
	12.70	1720	170	153			
		1860	184	166	3.5	70	2.5
		1960	193	174			
	15.20	1470	206	185			
		1570	220	198			
		1670	234	211			
		1720	241	217		80	4.5
		1860	260	234			
		1960	274	247			
	15.70	1720	266	239			
		1860	279	251			
	17.80	1720	327	294			
		1860	353	318			
(1×7)C	12.70	1860	208	187			
	15.20	1820	300	270			
	18.00	1720	384	346			

注：规定非比例延伸力 $F_{p0.2}$值不小于整根钢绞线公称最大力 F_m 的 90%。

五、试验方法

(一) 尺寸测量

钢绞线的直径应用分度值为 0.02mm 的量具测量。在同一截面不同方向上测量两次取平均值。

(二) 拉伸试验

1. 最大力

整根钢绞线的最大力试验按 GB/T228 的规定进行。如试样在夹头内和距钳口 2 倍钢绞线公称直径内断裂达不到标准性能要求时,试验无效。计算抗拉强度时取钢绞线的参考截面积值。

2. 规定非比例延伸力

钢绞线规定非比例延伸力采用的是引伸计标距的非比例延伸达到原始标距的 0.2%时所受的力($F_{p0.2}$)。为便于供方日常检查,也可以测定规定总延伸达到原始标距 1%力(F_{t1}),其值符合标准规定的 $F_{p0.2}$ 值时可以交货,但仲裁试验时测定 $F_{p0.2}$。测定 $F_{p0.2}$ 和 F_{t1} 时,预加负荷为规定非比例延伸力的 10%。

3. 最大力总伸长率

最大力总伸长率 A_{gt} 的测定按 GB/T228 规定进行。使用计算机采集数据或使用电子拉伸设备测量伸长率时,预加负荷对试样所产生的伸长率应加在总伸长内。

4. 应力松弛性能试验

钢绞线的应力松弛性能试验应按 GB/T10120 的规定进行。

试验期间,试样的环境温度应保持在 20±2℃内。

试验标距长度不小于公称直径的 60 倍。

试样制备后不得进行任何热处理和冷加工。

初始负荷应在 3~5min 内均匀施加完毕,持荷 1min 后开始记录松弛值。

允许用至少 100h 的测试数据推算 1000h 松弛率值。

5. 复验与判定规则

当规定的某一项检验结果不符合标准规定时，则该盘卷不得交货。并从同一批未经试验的钢绞线盘卷中取双倍数量的试样进行不合格项目的复验，复验结果即使有一个试样不合格，则整批钢绞线不得交货，或进行逐盘检验合格后交货。供方有权对复验不合格产品进行重新组批提交验收。

第十五节 道路石油沥青

一、依据标准

《石油沥青针入度测定法》(GB/T4509—1998)；
《石油沥青延度测定法》(GB/T4508—1999)；
《石油沥青软化点》(GB/T4507—1999)；
《沥青路面施工及验收规范》(GB50092—1996)。

二、组批和取样规定

同一生产厂、同一规格标号、同一批号的沥青、以 20t 为一个取样单位、不足 20t 也按一个取样单位。

从每个取样单位的不同部位取不少于五处洁净试样，每处所取数量大致相等，共 2kg 左右，分成两份，一份作为检验样，一份备用。

三、主要检验项目

针入度、延度、软化点。

四、技术指标

中、轻交通道路石油沥青质量要求见表 5-53，重交通道路石油沥青质量要求见表 5-54。

中、轻交通道路石油沥青质量要求　　表 5-53

试验项目 \ 标号	A-200	A-180	A-140	A-100 甲	A-100 乙	A-60 甲	A-60 乙
针入度（25℃，100g，5s）（0.1mm）	200 ~ 300	160 ~ 200	120 ~ 160	90 ~ 120	80 ~ 120	50 ~ 80	40 ~ 80
延度（25℃，5cm/min）不小于（cm）	—	100	100	90	60	70	40
软化点（环球法）（℃）	30 ~ 45	35 ~ 45	38 ~ 48	42 ~ 52	42 ~ 52	45 ~ 55	45 ~ 55

重交通道路石油沥青质量要求　　表 5-54

试验项目	AH-130	AH-110	AH-90	AH-70	AH-50
针入度（25℃，100g，5s）（0.1mm）	120 ~ 140	100 ~ 120	80 ~ 100	60 ~ 80	40 ~ 60
延度（15℃，5cm/min）不小于（cm）	100	100	100	100	80
软化点（环球法）（℃）	40 ~ 50	41 ~ 51	42 ~ 52	44 ~ 54	45 ~ 55

五、试验方法

（一）针入度试验

小心加热样品，不断搅拌以防局部过热，加热到使样品能够流动。加热时焦油沥青的加热温度不超过软化点的 60℃，石油沥青不超过软化点的 90℃。加热时间不超过 30min。加热、搅拌过程中避免试样中进入气泡。

将试样倒入预先选好的试样皿中。试样深度应大于预计穿入深度 10mm。同时将试样倒入两个试样皿。

轻松地盖住试样皿以防灰尘落入。在 15 ~ 30℃的室温下冷却 1 ~ 1.5h（小试样皿）或 1.5 ~ 2.0h（大试样皿），然后将两个试样皿和平底玻璃皿一起放入恒温水浴中，水面应没过试样表面 10mm 以上。

在规定的试验温度下冷却。小皿恒温 1 ~ 1.5h，大皿恒温

1.5～2.0h。

将已恒温到试验温度的试样皿和玻璃皿取出，放置在针入度仪的平台上。慢慢放下针连杆，使针尖刚好与底样表面接触。必要时用放置在合适位置的光源反射来观察。拉下活杆，使与针连杆顶端相接触。调节针入度刻度盘使指针指零。

用手紧压按钮，同时启动秒表，使标准针自由下落穿入沥青试样，到规定时间停压按钮，使标准针停止移动。拉下活杆与针连杆顶端接触，此时刻度盘指针的读数即为试样的针入度，用1/10mm表示。

同一试样至少重复测定三次。每一试验点的距离和试验点与试样皿边缘之间的距离不应小于10mm。每次试验前应将试样和平底玻璃皿放入恒温水浴中，每次测定都要用干净的针。当针入度超过200时，至少用三根针，每次试验用的针留在试样中，直到三根针扎完成时再将针从试样中取出。针入度小于200时可将针取下用合适的溶剂擦净后继续使用。

三次测定针入度的平均值，取至整数，作为试验结果。三次测定的针入度值相差不应大于表5-55中规定的数值，若超过，试验应重做。

三次测定的针入度值的最大差值 **表5-55**

针入度（0.1mm）	0～49	50～149	150～249	250～350
最大差值（0.1mm）	2	4	6	8

重复性：同一操作者同一样品利用同一台仪器测得的两次结果不超过平均值的4%。

再现性：不同操作者同一样品利用同一仪器测得的两次结果不超过平均值的11%。

如果误差超过了这一范围，利用第二个样品重复试验。如果结果再次超过允许值，则取消所有的试验结果，重新进行试验。

（二）延度试验

将模具组装在支撑板上，将隔离剂涂于支撑板表面和铜模侧模的内表面，以防沥青粘在模具上。板上的模具要水平放好，以便模具的底部能够充分与板接触。

小心加热样品，以防局部过热，直到完全变成液体能够倾倒。石油沥青样品加热至倾倒温度的时间不超过2h，其加热温度不超过预计沥青软化点110℃；煤焦油沥青样品加热至倾倒温度的时间不超过30min，其加热温度不超过煤焦油沥青预计软化点55℃。把融化了的样品过筛，在充分搅拌后把样品倒入模具中，在组装模具时要小心，不要弄乱了配件。在倒样时使试样呈细流状，自模的一端至另一端往返倒入，使试样略高出模具。将试件在空气中冷却30~40min，然后放在规定温度的水浴中保持30min取出，用热的直刀或铲将高出模具的沥青刮出，使试样与模具齐平。

将支撑板、模具和试件一起放入水浴中，并在试验温度下保持85~95min，然后从板上取下试件，拆除侧模，立即进行拉伸试验。

将模具两端的孔分别套在实验仪器的柱上，然后以一定的速度拉伸，直到试件拉伸断裂。拉伸速度允许误差±5%，测量试件从拉伸到断裂所经过的距离，以厘米表示。试验时，试件距水面和水底的距离不小于2.5cm，并且要使温度在规定的±0.5℃的范围内。

如果沥青浮于水面或沉入槽底时，则试验不正常。应使用乙醇或氯化钠调整水的密度，使沥青材料既不浮于水面，又不沉入槽底。

正常的试验应将试样拉成锥形，直至在断裂时实际横断面面积接近于零。

如果三次试验得不到正常结果，则报告在该条件下延度无法测定。

重复性：同一样品，同一操作者重复测定两次结果不超过平均值的10%。

再现性：同一样品，在不同实验室测定的结果不超过平均值的20%。

若三个试件测定值在平均值的5%内，取平行测定三个结果的平均值作为测定结果。若三个试件测定值不在平均值的5%内，但其中两个较高值在平均值的5%之内，则舍弃最低测定值，取两个较高值的平均值作为测定结果，否则重新测定。

（三）软化点试验

所有石油沥青试样的准备和测试必须在6h内完成，煤焦油沥青必须在4.5h内完成。小心加热试样，并不断搅拌以防止局部过热，直到样品变得流动。小心搅拌，以免气泡进入样品中。

石油沥青样品加热至倾倒温度的时间不超过2h，其加热温度不超过预计沥青软化点110℃。

煤焦油沥青样品加热至倾倒温度的时间不超过30min，其加热温度不超过预计煤焦油沥青软化点55℃。

如果重复试验，不能重新加热样品，应在干净的容器中用新鲜样品制备试样。

若估计软化点在120℃以上，应将黄铜环与支撑板预热至80~100℃，然后将铜环放到涂有隔离剂的支撑板上。否则会出现沥青试样从铜环中完全脱落。

向每个环中倒入过量的沥青试样，让试件在室温下至少冷却30min。对于在室温下较软的样品，应将试件在低于预计软化点10℃以上的环境中冷却30min。从开始倒试样时起至完成试验的时间不得超过240min。

当试样冷却后，用稍加热的小刀或刮刀刮去多余的沥青，使得每一个圆片饱满且环的顶部齐平。

选择一种加热介质。

新煮沸过的蒸馏水适用于软化点为30~80℃的沥青。起始加热介质温度应为5±1℃。

甘油适用于软化点为80~157℃的沥青，起始加热介质温度应为30±1℃。

为了进行比较，所有软化点低于80℃的沥青应在水浴中测定，而高于 80℃的在甘油浴中测定。

把仪器放在通风橱内并配置两个样品环、钢球定位器，并将温度计插入合适的位置，浴槽装满加热介质，并使整个仪器处于适当位置。用镊子将钢球置于浴槽底部，使其同支架的其他部位达到相同的起始温度。

如果有必要，将浴槽置于冰水中，或小心加热并维持适当的起始浴温达 15min，并使仪器处于适当位置，注意不要玷污浴液。

再次用镊子从浴槽底部将钢球夹住并置于定位器中。

从浴槽底部加热使温度以恒定的速率 5℃/min 上升。为防止通风影响，必要时可用保护装置。试验期间不能取加热速率的平均值，但在 3min 后，升温速度应达到 5±0.5℃/min，若温度上升速率超过此限定范围，则此次试验失败。

当两个试环的球刚触及下支撑板时，分别记录温度计所显示的温度。无需对温度计的浸没部分进行校正。取两个温度的平均值作为沥青的软化点。如果两个温度的差值超过 1℃，则重新试验。

因为软化点的测定是条件性的试验方法，对于给定的沥青试样，当软化点略高于 80℃时，水浴中测定的软化点低于甘油中测定的软化点。

软化点高于 80℃时，从水浴变成甘油浴时的变化是不连续的。在甘油浴中所报告的最低可能沥青软化点为 84.5℃，而煤焦油沥青的最低可能软化点为 82℃。当甘油浴中软化点低于这些值时，应转变为水浴中的软化点，并在报告中注明。

将甘油浴软化点转化为水浴软化点时，石油沥青的校正值为 -4.5℃，对于煤焦油沥青的为 -2.0℃。采用此校正值只能粗略地表示出软化点的高低，欲得到准确的软化点应在水浴中重复试验。

无论在任何情况下，如果甘油浴中所测得的石油沥青软化点的平均值为 80.0℃或更低，煤焦油沥青软化点的平均值为 77.5℃或更低，则应在水浴中重复试验。

将水浴中略高于 80℃的软化点转化成甘油浴中的软化点时，石油沥青的校正值为 +4.5℃，而煤焦油沥青的校正值为

+2.0℃。采用此校正值只能粗略地表示出软化点的高低，欲得到准确的软化点应在甘油浴中重复试验。

在任何情况下，如果水浴中两次测定温度的平均值为85.0℃或更高，则应在甘油浴中重复试验。

重复性：重复测定两次结果的差数不得大于1.2℃。

再现性：同一试样由两个实验室各自提供的试验结果之差不应超过2.0℃。

第十六节 预制混凝土构件结构性能检验

一、依据标准

《混凝土结构工程施工质量验收规范》（GB50204—2002）。

二、组批和抽样规定

（一）组批规定

对成批生产的构件，应按同一工艺正常生产不超过1000件，且不超过3个月的同类型产品为一批。当连续检验10批，且每批的结构性能检验结果均符合本规范规定的要求时，对同一工艺正常生产的构件，可改为不超过2000件，且不超过3个月的同类型产品为一批。

（二）取样规定

在每批中应随机抽取一个构件作为试件进行检验。

三、主要检验项目和技术指标

（一）主要检验项目

钢筋混凝土构件和允许出现裂缝的预应力混凝土构件进行承载力、挠度和裂缝宽度检验；不允许出现裂缝的预应力混凝土构件进行承载力、挠度和抗裂检验；预应力混凝土构件中的非预应力杆件按钢筋混凝土构件的要求进行检验。对设计成熟、生产数量较少的大型构件，当采取加强材料和制作质量检验的措施时，可仅作挠度、抗裂或裂缝宽度检验；当采取上述措施并有可靠的实践经验时，可不作结构性能检验。

（二）技术指标

1. 承载力

（1）当按现行国家标准《混凝土结构设计规范》（GB50010）的规定进行检验时，应符合式（5-70）的要求：

$$\gamma_u^0 \geqslant \gamma_0 \left[\gamma_u\right] \tag{5-70}$$

式中 γ_u^0——构件的承载力检验系数实测值，即试件的荷载实测值与荷载设计值（均包括自重）的比值；

γ_0——结构重要性系数，按设计要求确定，当无专门要求时取 1.0；

γ_u——构件的承载力检验系数允许值，按表 5-56 取用。

构件的承载力检验系数允许值　　表 5-56

受力情况	达到承载能力极限状态的检验标志		γ_u
轴心受拉、偏心受拉、大偏心受压	受拉主筋处的最大裂缝宽度达到 1.5mm 或挠度达到跨度的 1/50	热轧钢筋	1.20
		钢丝、钢绞线、热处理钢筋	1.35
	受压区混凝土破坏	热轧钢筋	1.30
		钢丝、钢绞线、热处理钢筋	1.45
	受拉主筋拉断		1.50
受弯构件的受剪	腹部斜裂缝达到 1.5mm，或斜裂缝末端受压混凝土剪压破坏		1.40
	沿斜截面混凝土斜压破坏，受拉主筋在端部滑脱或其他锚固破坏		1.55
轴心受压、小偏心受压	混凝土受压破坏		1.50

（2）当按构件实配钢筋进行承载力检验时，应符合公式（5-71）的要求：

$$\gamma_u^0 \geqslant \gamma_0 \eta [\gamma_u] \tag{5-71}$$

式中 η——构件承载力检验修正系数，根据现行国家标准《混凝土结构设计规范》（GB50010）按实配钢筋的承载力计算确定。

承载力检验的荷载设计值是指承载能力极限状态下，根据构件设计控制截面上的内力设计检验的加载方式，经换算后确定的荷载值（包括自重）。

2．挠度检验

（1）当按现行国家标准《混凝土结构设计规范》（GB50010）规定挠度允许值进行检验时，应符合公式（5-72）的要求：

$$\alpha_s^0 \leqslant [\alpha_s] \tag{5-72}$$

式中 α_s^0——在荷载标准值下的构件挠度实测值；

$[\alpha_s]$——挠度检验允许值，$[\alpha_s] = M_k[\alpha_f]/[M_q(\theta - 1) + M_k]$；

$[\alpha_f]$——受弯构件的挠度限值，按现行国家标准《混凝土结构设计规范》（GB50010）确定；

M_k——按荷载标准组合计算的弯矩值；

M_q——按荷载准永久组合计算的弯矩值；

θ——考虑荷载长期作用对挠度增大的影响系数，按现行国家标准《混凝土结构设计规范》（GB50010）确定。

（2）当按构件实配钢筋进行挠度检验或仅检验构件的挠度、抗裂或裂缝宽度时，应符合公式（5-73）和公式（5-72）的要求：

$$\alpha_s^0 \leqslant 1.2\alpha_s^c \tag{5-73}$$

式中 α_s^c——在荷载标准值下按实配钢筋确定的构件挠度计算值，按现行国家标准《混凝土结构设计规范》（GB50010）确定。

正常使用极限状态检验的荷载标准值是指正常使用极限状态下，根据构件设计控制截面上的荷载标准组合效应与构件检验的加载方式，经换算后确定的荷载值。

直接承受重复荷载的混凝土受弯构件，当进行短期静力加荷试验时，α_s^c 值应按正常使用极限状态下静力荷载标准组合相应的刚度值确定。

3．抗裂检验

构件的抗裂检验应符合公式（5-74）的规定。

$$\gamma_{cr}^0 \geqslant [\gamma_{cr}]$$

$$[\gamma_{cr}] = 0.95\frac{\sigma_{pc} + \gamma f_{tk}}{\sigma_{ck}} \tag{5-74}$$

式中 γ_{cr}^0——构件的抗裂检验系数实测值，即试件的开裂荷载实测值与荷载标准值（均包括自重）的比值；

$[\gamma_{cr}]$——构件的抗裂检验系数允许值；

σ_{pc}——由预加力产生的构件抗拉边缘混凝土法向应力值，按现行国家标准《混凝土结构设计规范》（GB50010）确定；

γ——混凝土构件截面抵抗矩塑性影响系数，按现行国家标准《混凝土结构设计规范》(GB50010)计算确定；

f_{tk}——混凝土抗拉强度标准值；

σ_{ck}——由荷载标准值产生的构件抗拉边缘混凝土法向应力值，按现行国家标准《混凝土结构设计规范》（GB50010）确定。

4．预制构件的裂缝宽度检验

预制构件的裂缝宽度检验应符合公式（5-75）的要求。

$$\omega_{s.max}^0 \leqslant [\omega_{max}] \tag{5-75}$$

式中 $\omega_{s.max}^0$——在荷载标准值下，受拉主筋处的最大裂缝宽度实测值（mm）；

$[\omega_{max}]$——构件检验的最大裂缝宽度允许值，按表5-57取用。

构件检验的最大裂缝宽度允许值（mm） **表 5-57**

设计要求的最大裂缝宽度限值	0.2	0.3	0.4
$[\omega_{max}]$	0.15	0.20	0.25

四、试验方法

(一) 试验条件

试验应在0℃以上的温度中进行；

蒸汽养护后的构件应在冷却至常温后进行试验；

构件在试验前应量测其实际尺寸，并检查构件表面，所有的缺陷和裂缝应在构件上标出。

(二) 支承方式

板、梁和桁架等简支构件，试验时应一端采用铰支承；另一端采用滚动支承。铰支承可采用角钢、半圆型钢或焊于钢板上的圆钢，滚动支承可采用圆钢；

四边简支或四角简支的双向板，其支承方式应保证支承处构件能自由转动，支承面可以相对水平移动；

当试验的构件承受较大集中力或支座反力时，应对支承部分进行局部受压承载力验算；

为保证构件与支承面紧密接触，钢垫板与构件、钢垫板与支墩间，宜铺砂浆垫平；

构件支承的中心线位置应符合标准图或设计的要求。

(三) 荷载布置

构件的试验荷载布置应符合标准图或设计的规定；

当试验荷载布置不能完全与标准图或设计的要求相符时，应按荷载效应等效的原则换算，即使构件试验的内力图形与设计的内力图形相似，并使控制截面上的内力值相等，但应考虑荷载布置改变后对构件其他部位的不利影响。

(四) 加载方法

应根据标准图或设计的加载要求、构件类型及设备条件等进行选择。当按不同形式荷载组合进行加载试验（包括均布荷载、集中荷载、水平荷载和竖向荷载等）时，各种荷载应按比例增加。

1. 荷重块加载

荷重块加载适用于均布加载试验。荷重块应按区格成垛堆放，垛与垛之间间隙不宜小于50mm。

2. 千斤顶加载

千斤顶加载适用于集中加载试验。千斤顶加载时，可采用分配梁系统实现多点集中加载。千斤顶的加载值宜采用荷载传感器量测，也可采用油压表量测。

3. 梁或桁架可采用水平对顶加载方法，此时构件应垫平且不应妨碍构件在水平方向的位移。梁也可采用竖直对顶的加载方法。

4. 当屋架仅作挠度、抗裂或裂缝宽度检验时，可将两榀屋架并列，安放屋面板后进行加载试验。

（五）构件的分级加载

当荷载小于荷载标准值时，每级荷载不应大于荷载标准值的20%；当荷载大于荷载标准值时，每次荷载不应大于荷载标准值的10%；当荷载接近抗裂检验荷载值时，每级荷载不应大于承载力检验荷载设计值的5%；当荷载接近承载力检验荷载值时，每级荷载不应大于承载力检验荷载设计值的5%。

对仅作挠度、抗裂或裂缝宽度检验的构件应分级卸载。

作用在构件上的试验设备重量及构件自重应作为第一次加载的一部分。

值得注意的是构件在试验前，宜进行预压，以检查试验装置的工作是否正常，同时应防止构件因预压而产生裂缝。

（六）持荷时间

每级加载完成后，应持续10～15min；在荷载标准值作用下，应持续30min。在持续时间内，应观察裂缝的出现和开展，以及钢筋有无滑移等。在持续时间结束时，应观察并记录各项读数。

（七）检验标志

对构件进行承载力检验时，应加载至构件出现承载能力极限状态的检验标志。当在规定的荷载持续时间内出现上述检验标志之一时，应取本级荷载值与前一级荷载值的平均值作为其承载力检验荷载实测值；当在规定的荷载持续时间结束后出现上述检验标志之一时，应取本级荷载值作为其承载力检验荷载实测值。

当受压构件采用试验机或千斤顶加载时，承载力检验荷载实测值应取构件直至破坏的整个试验过程中所达到的最大荷载值。

（八）构件挠度测量

可用百分表、位移传感器、水平仪等进行观测。接近破坏阶段的挠度，可用水平仪或拉线、钢尺等测量。

试验时，应量测构件跨中位移和支座沉陷。对宽度较大的构件，应在每一量测截面的两边或两肋布置测点，并取其量测结果的平均值作为该处的位移。

当试验荷载竖直向下作用时，对水平放置的试件，在各级荷载下的跨中挠度实测值应按公式（5-76）计算：

$$a_t^0 = a_q^0 + a_g^0$$

$$a_q^0 = \gamma_m^0 - \frac{1}{2}(\gamma_l^0 + \gamma_r^0)$$

$$a_g^0 = \frac{M_g}{M_b} a_b^0 \tag{5-76}$$

式中 a_t^0——全部荷载作用下构件跨中的挠度实测值（mm）；

a_q^0——外加试验荷载作用下构件跨中的挠度实测值（mm）；

a_g^0——构件自重及加荷设备重产生的跨中挠度值（mm）；

γ_m^0——外加试验荷载作用下构件跨中的位移实测值（mm）；

γ_l^0、γ_r^o——外加试验荷载作用下构件左、右端支座沉陷位移的实测值（mm）；

M_g——构件自重和加荷设备重产生的跨中弯矩值(kN·m);

M_b——从外加试验荷载开始至构件出现裂缝的前一级荷载为止的外加荷载产生的跨中弯矩值（kN·m）。

（九）挠度值

当采用等效集中力加载模拟均布荷载进行试验时，挠度实测值应乘以修正系数 ψ。当采用三分点加载时 ψ 可取为 0.98；当采用其他形式集中力加载时，ψ 应经计算确定。

（十）试验中裂缝的观测

观察裂缝出现可采用放大镜。若试验中未能及时观察到正截面裂缝的出现，可取荷载—挠度曲线上的转折点（曲线第一弯转段两端点切线的交点）的荷载值作为构件的开裂荷载实测值。

构件抗裂检验中，当在规定的荷载持续时间内出现裂缝时，应取本级荷载值与前一级荷载值的平均值作为其开裂荷载实测值；当在规定的荷载持续时间结束后出现裂缝时，应取本级荷载值作为其开裂荷载实测值。

裂缝宽度可采用精度为 0.05mm 的刻度放大镜等仪器进行观测。

对正截面裂缝，应量测受拉主筋处的最大裂缝宽度；对斜截面裂缝，应量测腹部斜裂缝的最大裂缝宽度。确定受弯构件受拉主筋处的裂缝宽度时，应在构件侧面量测。

（十一）安全

试验的加荷设备、支架、支墩等，应有足够的承载力安全储备；

对屋架等大型构件进行加载试验时，必须根据设计要求设置侧向支承，以防止构件受力后产生侧向弯曲和倾倒；侧向支承应不妨碍构件在其平面内的位移；

试验过程中应注意人身和仪表安全；为了防止构件破坏时试验设备及构件坍落，应采取安全措施（如在试验构件下面设置防护支承等）。

（十二）检验结果的验收

当全部的检验结果均满足技术指标的要求时，该批构件的结构性能通过验收。

当第一个试件的检验结果不能全部满足技术指标的要求、但又能符合第二次检验的要求时，可再抽两个试件进行检验。第二次检验的指标，对承载力和抗裂检验系数的允许值取技术指标规定值减 0.05；对挠度的允许值取技术指标规定值的 1.10 倍。当第二次抽取的两个试件的检验结果均符合第二次检验的要求时，该批构件的结构性能可通过验收。

当第二次抽取的第一个试件的检验结果均符合技术指标的要求时，该批构件的结构性能可通过验收。

第十七节　检 查 井 盖

一、依据标准

《铸铁检查井盖》（CJ/T3012—1993）；
《钢纤维混凝土检查井盖》（JC889—2001）；
《再生树脂复合材料检查井盖》（CJ/T121—2000）。

二、组批和取样规定

产品以同一规格、同一种类、同一原材料在相似条件下生产的检查井盖构成批量。

铸铁检查井盖、再生树脂复合材料检查井盖：一批为 100 套检查井盖，不足 100 套时也作为一批。

钢纤维混凝土检查井盖：一批为 500 套检查井盖，但在三个月内生产不足 500 套时也作为一批。

铸铁检查井盖、再生树脂复合材料检查井盖：外观及尺寸检查，对检查井盖逐套检查；加载试验，每批随机抽取 2 套检查井盖进行承载能力试验。

钢纤维混凝土检查井盖：每批随机抽取 10 套，进行外观及尺寸检查。在外观及尺寸检查合格的产品中随机抽取2套进行承载力检验。

承载力检验时，如有一套不符合要求，则再抽取2套重复本项试验。如再有一套不符合要求则该批检查井盖为不合格。

三、检验项目及技术指标

（一）铸铁检查井盖

1. 井盖与支座间的缝宽应符合表5-58的要求。

铸铁检查井盖与支座间的缝宽　　表5-58

检查井盖净宽 J_K（mm）	缝宽 $a=(a_1+a_2)$（mm）
≥600	8^{+2}_{-4}
<600	$6^{+}_{-}2$

2. 支座支承面的宽度应符合表5-59的要求。

铸铁检查井盖支座支承面的宽度　　表5-59

检查井盖净宽 J_K（mm）	支座支承面宽度 b（mm）
≥600	≥20
<600	≥15

3. 井盖的嵌入深度。重型检查井盖应不小于40mm，轻型检查井盖应不小于30mm。

4. 井盖表面应有凸起的防滑花纹。凸起高度应不小于3mm。

5. 井盖与支座表面应铸造平整、光滑。不得有裂纹以及有影响检查井盖使用性能的冷隔、缩松等缺陷。不得补焊。

6. 井盖接触面与支座支承面应进行机加工，保证井盖与支座接触平稳。

7. 检查井盖的承载能力应符合表5-60的规定。

铸铁检查井盖的承载能力　　表 5-60

检查井盖等级	试验荷载（kN）	允许残留变形（mm）
重型	360	$D/500$
轻型	210	$D/500$

（二）再生树脂复合材料检查井盖

1. 井盖与支座间的缝宽应符合表 5-61 的要求。

再生树脂复合材料检查井盖井盖与支座间的缝宽　　表 5-61

检查井盖净尺寸（mm）	缝宽 a（mm）
≥600	7±3
<600	6±3

2. 支座支承面的宽度应符合表 5-62 的要求。

再生树脂复合材料检查井盖支座支承面的宽度　　表 5-62

检查井盖净宽 J_K（mm）	支座支承面宽度 b（mm）
≥600	≥30
<600	≥20

3. 井盖的嵌入深度。重型检查井盖应不小于 70mm，轻型检查井盖应不小于 20mm，普通型检查井盖应不小于 50mm。

4. 井盖表面应有凸起的防滑花纹。凸起高度应不小于 3mm。

5. 井盖与支座表面应压制平整、光滑。不得有裂纹以及有影响检查井盖使用性能的局部凹凸等缺陷。

6. 井盖接触面与支座支承面应保证接触平稳。

7. 检查井盖的承载能力应符合表 5-63 的规定。

再生树脂复合材料检查井盖的承载能力　　表 5-63

等　级	试验荷载（kN）	允许残留变形（mm）
重　型	240	$D/500$
普通型	100	$D/500$
轻　型	20	$D/500$

（三）钢纤维混凝土检查井盖

1. 外观质量

产品表面必须光洁、平整，无破损，无裂缝，防滑花纹和标记应清晰。

2. 尺寸偏差

（1）钢纤维混凝土检查井盖的尺寸允许偏差应符合表 5-64 的规定。

钢纤维混凝土检查井盖的尺寸允许偏差　　表 5-64

井口尺寸（mm）		井盖外径或边长（mm）		井盖搁置高度（mm）		井盖搁置面宽（mm）	
标称值	±20	标称值	±3	标称值	－3，＋2	标称值	±3

（2）井盖于支座间的缝宽不超过 8±2mm。

3. 承载能力

承载能力应符合表 5-65 规定。

钢纤维混凝土检查井盖的承载能力　　表 5-65

检查井盖等级	裂缝荷载（kN）	破坏荷载（kN）
A	180	360
B	105	210
C	50	100
D	10	20

注：裂缝荷载系指加载时表面裂缝宽度达 0.2mm 时的试验荷载值。

四、试验方法

(1) 外观可用目测手摸的办法来检查。

(2) 尺寸偏差用钢板尺或卷尺测量。

(3) 承载力试验装置及方法

检查井盖应按成套产品（成套的井盖与支座）进行承载能力试验。

1. 试验装置

(1) 加载设备

加载设备所能施加的荷载应不小于500kN，其台面尺寸必须大于检查井盖支座支缘尺寸。测力仪器的误差应低于±3%。

(2) 试验装置附件

1) 刚性垫块

刚性垫块尺寸应为：直径356mm、厚度等于或大于40mm、上下表面平整。

2) 橡胶垫片

在刚性垫块与井盖之间放置一弹性橡胶垫片，垫片的平面尺寸与刚性垫块相同，片厚度应为6～10mm。

2. 试验程序

试验前调整刚性垫块的位置,使其中心与井盖的几何中心重合。

(1) 铸铁检查井盖、再生树脂复合材料检查井盖的试验程序

在施加2/3试验荷载后，进行井盖残留变形的测量。

以1～3kN/s速度加载，加载至2/3试验荷载，然后卸载。此过程重复进行5次。

第一次加载前与第5次加载后的变形之差为残留变形，其值不允许超过表5-60中的规定。

以上述相同的速度加载至表5-60规定的试验荷载，5min后卸载，井盖、支座不得出现裂纹。

(2) 钢纤维混凝土检查井盖的试验程序

1) 裂缝荷载检验

以1～3kN/s速度加载，按裂缝荷载值分级加荷，每级加荷量为裂缝荷载的20%，恒压1min，逐级加荷至裂缝出现或规定的裂缝荷载，然后以裂缝荷载的5%的级差继续加载，同时用塞尺或读数显微镜测量裂缝宽度。当裂缝宽度达到一定宽度时，读取的荷载值即为裂缝荷载值。

2）破坏荷载值

读取裂缝荷载值后按规定的破坏荷载值分级加荷，每级加荷量为破坏荷载值的20%，恒压1min，逐级加荷规定的破坏荷载值，然后以裂缝荷载的5%的级差继续加载至破坏，读取检查井盖的破坏荷载值。

第十八节　无机结合料稳定材料

一、依据标准

《公路路面基层施工技术规范》（JTJ034—2000）；

《公路工程无机结合料稳定材料试验规程》（JTJ057—1994）。

二、分类

无机结合料稳定材料一般包括水泥稳定土、石灰稳定土、石灰工业废渣稳定土。

塑性指数在15～20的黏性土以及含有一定数量黏性土的中粒土和粗粒土适合于用石灰稳定。塑性指数在10以下的粉质黏土和砂土宜采用水泥稳定，如用石灰稳定，应采取适当的措施。塑性指数在15以上更适于用水泥和石灰综合稳定。在石灰工业废渣稳定土中，为提高石灰工业废渣的早期强度，可外加1%～2%的水泥。

三、常规检测项目及技术指标

（一）常规检测项目

原材料的试验：土样的颗粒分析、液塑限和塑性指数、相对密度、击实试验、碎石或砾石的压碎值、有机质含量（必要时）、硫酸盐含量（必要时）；水泥的强度等级和凝结时间；石灰的氧化钙和氧化镁含量；粉煤灰的化学成分、细度和烧失量。

拌合料的性能试验：无侧限抗压强度、水泥或石灰剂量、颗粒组成设计、含水率、压实度、标准击实。

（二）主要技术指标

1. 水泥稳定土

（1）无侧限抗压强度一般应满足表 5-66 要求。

水泥稳定土无侧限抗压强度要求　　表 5-66

等级 层次	二级和二级以下	高速公路和一级公路
基层（MPa）	2.5～3.0	3.0～5.0
底基层（MPa）	1.5～2.0	1.5～2.5

（2）水泥剂量一般在 3%～12% 的范围内，具体数值通过试验确定。

（3）颗粒组成范围：

对于二级和二级以下的公路用做底基层时水泥稳定土的颗粒组成范围见表 5-67，对于二级和二级以下的公路用做基层时水泥稳定土的颗粒组成范围见表 5-68，对于高速公路和一级公路水泥稳定土的颗粒组成范围见表 5-69。

二级和二级以下公路用做底基层时水泥稳定土的颗粒组成范围　　表 5-67

筛孔尺寸（mm）	53.0	4.75	0.60	0.075	0.002
通过质量百分率（%）	100	50～100	17～100	0～50	0～30

二级和二级以下公路用做基层时水泥稳定土的颗粒组成范围

表 5-68

筛孔尺寸（mm）	通过质量百分率（%）	筛孔尺寸（mm）	通过质量百分率（%）
37.5	90~100	2.36	20~70
26.5	66~100	1.18	14~57
19.0	54~100	0.60	8~47
9.50	39~100	0.075	0~30
4.75	28~84		

高速公路和一级公路水泥稳定土的颗粒组成范围　　表 5-69

项目 \ 通过质量百分率（%） \ 编号		1	2	3
筛孔尺寸（mm）	37.5	100	100	
	31.5		90~100	100
	26.5			90~100
	19.0		67~90	72~89
	9.50		45~68	47~67
	4.75	50~100	29~50	29~49
	2.36		18~38	17~35
	0.60	17~100	8~22	8~22
	0.075	0~30	0~7*	0~7*
液限（%）				<28
塑性指数				<9

注：* 集料中 0.5mm 以下细粒土有塑性指数时，小于 0.075mm 的颗粒含量不应超过 5%；细粒土无塑性指数时，小于 0.075mm 的颗粒含量不应超过 7%。

2. 石灰稳定土

(1) 无侧限抗压强度一般应满足表 5-70 的要求。

石灰稳定土无侧限抗压强度要求　　表 5-70

层次＼等级	二级和二级以下公路	高速公路和一级公路
基层（MPa）	≥0.8[①]	—
底基层（MPa）	0.5～0.7[②]	≥0.8

注：①在低塑性土（塑性指数小于 7）的地区，石灰稳定砂砾土和碎石土的 7d 浸水抗压强度应大于 0.5MPa（100g 平衡锥测液限）。

②低限用于塑性指数小于 7 的黏性土，且低限值仅用于二级以下公路。高限用于塑性指数大于 7 的黏性土。

（2）石灰剂量一般在 3%～12%。

3．石灰工业废渣稳定土

（1）无侧限抗压强度一般应满足表 5-71 的要求。

石灰工业废渣稳定土无侧限抗压强度要求　　表 5-71

层次＼等级	二级和二级以下公路	高速公路和一级公路
基层（MPa）	0.6～0.8	0.8～1.1[①]
底基层（MPa）	≥0.5	≥0.6

注：①设计累计标准轴载小于 12×10^6 的高速公路用低限值；设计累计标准轴载大于 12×10^6 的高速公路用中值；主要行驶重载车辆的高速公路用高限值。对于具体一条高速公路，应根据交通情况采用某一强度标准。

（2）石灰剂量

当用二灰土做基层或底基层时，石灰与粉煤灰的比例可用 1:2～1:4；当用石灰粉煤灰做基层或底基层时，石灰与粉煤灰的比例可用 1:2～1:9；当用石灰煤渣土做基层或底基层时，石灰与煤渣的比例可用 1:1～1:4。

（3）颗粒组成范围

二灰级配砂砾中集料的颗粒组成范围见表 5-72，二灰级配碎石中集料的颗粒组成范围见表 5-73。

二灰级配砂砾中集料的颗粒组成范围　　表 5-72

通过质量百分率（%）＼编号＼项目		1	2
筛孔尺寸（mm）	37.5	100	
	31.5	85～100	100
	19.0	65～85	85～100
	9.50	50～70	55～75
	4.75	35～55	39～59
	2.36	25～45	27～47
	1.18	17～35	17～35
	0.60	10～27	10～25
	0.075	0～15	0～10

二灰级配碎石中集料的颗粒组成范围　　表 5-73

通过质量百分率（%）＼编号＼筛孔尺寸（mm）	1	2
37.5	100	
31.5	90～100	100
19.0	72～90	81～98
9.50	48～68	52～70
4.75	30～50	30～50
2.36	18～38	18～38
1.18	10～27	10～27
0.60	6～20	6～20
0.075	0～7	0～7

四、试验方法

（1）原材料的试验方法见各种材料的相关试验方法。

（2）无侧限抗压强度试验

1. 试料准备

将具有代表性的风干试料（必要时，也可以在50℃烘箱内烘干），用木锤和木碾捣碎，但应避免破碎粒料的原粒径。将土过筛并进行分类。如试料为粗粒土，则除去大于40mm的颗粒备用；如试料为中粒土，则除去大于25mm或20mm的颗粒备用；如试料为细粒土，则除去大于10mm的颗粒备用。

在预定做试验的前一天，取有代表性的试料测定其风干含水量。对于细粒土，试样应不少于100g；对于粒径小于25mm的中粒土，试样应不少于1000g；对于粒径小于40mm的粗粒土，试样的质量应不少于2000g。

2. 按击实的试验方法确定无机结合料混合料的最佳含水量和最大干密度。

3. 制做试件

（1）对于同一无机结合料剂量的混合料，需要制相同状态的试件数量（即平行试验的数量）与土类及操作的仔细程度有关。对于无机结合料稳定细粒土，至少应该制6个试件；对于无机结合料稳定中粒土和粗粒土，至少分别应该制9个和13个试件。

（2）称取一定数量的风干土并计算干土的质量，其数量随试件大小而变。对于50mm×50mm的试件，1个试件约需干土180～210g；对于100mm×100mm的试件，1个试件约需干土1700～1900g；对于150mm×150mm的试件，1个试件约需干土5700～6000g。

对于细粒土，可以一次称取6个试件土；对于中粒土，可以一次称取3个试件的土；对于粗粒土，一次只称取一个试件土。

（3）将称好的土放在长方盘（400mm×600mm×70mm）内。向土中加水，对于细粒土（特别是黏性土）使其含水量比最佳含水量小3%，对于中粒土和粗粒土可按最佳含水量加水。将土和水拌合均匀，扣放在密闭容器内浸润备用。如为石灰稳定土和水泥、石灰综合稳定土，可将石灰和土一起拌匀后进行浸润。

浸润时间：黏性土 12~24h，粉性土 6~8h，砂性土、砂砾土、红土砂砾等可以缩短到 4h 左右；含土很少的未筛分碎石、砂砾及砂可以缩短到 2h。

（4）在浸润过的试料中，加入预定数量的水泥或石灰并拌合均匀。在拌合过程中，应将预留的3%的水（对于细粒土）加入土中，使混合料的含水量达到最佳含水量，拌合均匀的加有水泥的混合料应在 1h 内按下述方法制成试件，超过 1h 的混合料应该作废。其他结合料稳定土，混合料虽不受此限，但也尽快制成试件。

（5）按预定的干密度制作试件

用反力框架和液压千斤顶制作试件。试件制作时的压实度应符合表 5-74 的要求。

无侧限抗压强度试验试件制作时的压实度要求　　表 5-74

部位/公路等级	水泥稳定土	石灰稳定土	石灰工业废渣稳定土
基层：			
高速公路和一级公路	98%		98%
二级和二级以下公路			
水泥稳定中粒土和粗粒土	97%	97%	97%
水泥稳定细粒土	93%	93%	93%
底基层：			
高速公路和一级公路			
水泥稳定中粒土和粗粒土	97%	97%	97%
水泥稳定细粒土	95%	95%	95%
二级和二级以下公路			
水泥稳定中粒土和粗粒土	95%	95%	95%
水泥稳定细粒土	93%	93%	93%

制备一个预定密度的试件，需要的稳定土混合料数量 m_1（g），随试模的尺寸而变，可以按照式（5-77）计算。

$$m_1 = \rho v\ (1+\omega) \tag{5-77}$$

式中　m_1——需要的稳定土混合料数量 m_1（g）；

v——试模的体积（cm^3）；

ω——稳定土混合料的含水量（%）；

ρ——稳定土试件的干密度（g/cm^3）。

将试模的下压柱放入试模的下部❶，但外露 2cm 左右。将称量的规定数量 m_2（g）的稳定土混合料分 2～3 次灌入试模中(利用漏斗)，每次灌入后用夯棒轻轻均匀插实。如制的是50mm×50mm 的小试件，则可以将混合料一次倒入试模中。然后将上压柱放入试模内。应使其也外露 2cm 左右（即上下压柱露出试模外的部分应该相等)。

将整个试模（连同上下压柱）放到反力框架的千斤顶上（千斤顶下应放一扁球座)。加压直到上下压柱都压入试模为止。维持压力 1min。解除压力后，取下试模，拿去上压柱，并放到脱模器上将试件顶出❷(利用千斤顶和下压柱)。称试件的质量 m_2，小试件精确到 1g；中试件精确到 2g；大试件精确到 5g❸。然后用游标卡尺量试件的高度，精确到 0.1mm。

用击锤制件中，步骤同前。只是用击锤（可以利用做击实试验的锤，但压柱顶面需要垫一块牛皮或胶皮，以保护锤面和压柱顶面不受损伤）将上下压柱打入试模内。

4. 养生

试件从试模内脱出并称量后，应立即放到密封湿气箱和恒温室内进行保温保湿养生。但中试件和大试件应先用塑料薄膜包裹。有条件时，可采用蜡封保湿养生。养生时间视需要而定，作

---

❶事先在试模的内壁及上下压柱的底面涂一薄层机油。

❷用水泥稳定有粘结性的材料时，制件后可以立即脱模，用水泥稳定无粘结性材料时，最好过几小时再脱模。

❸小试件指 ϕ50mm×50mm 的试件，中试件指 ϕ100mm×100mm 的试件，大试件指 ϕ150mm×150mm 的试件。

为工地控制，通常都只取 7d。整个养生期间的温度，在北方地区应保持 20±2℃，在南方地区应保持 25±2℃。

养生的最后一天，应该将试件浸泡在水中，水的深度应使水面在试件顶上约 2.5cm。在浸泡水中之前，应再次称试件的质量 m_3。在养生期间，试件质量的损失应该符合下列规定：小试件不超过 1g；中试件不超过 4g；大试件不超过 10g。质量损失超过此规定的试件，应该作废。

5. 测试件强度

将已浸水一昼夜的试件从水中取出，用软的旧布吸去试件表面的可见自由水，并称试件的质量 m_4。

用游标尺量试件的高度 h，准确到 0.1mm。

将试件放到路面材料强度试验仪的升降台上（台上先放一扁球座），进行抗压试验。试验过程中，应使试件的形变等速增加，并保持速率约为 1mm/min。记录试件破坏时的最大压力 p（N）。

从试件内部取有代表性的样品(经过打破)测定其含水量 w_1。

试件的无侧限抗压强度 R_c 用公式（5-78）计算。

$$R_c = \frac{P}{A} \tag{5-78}$$

式中 P——试件破坏时的最大压力（N）；

A——试件的截面积（mm^2）。

6. 精密度或允许误差

若干次平行试验的偏差系数 c_v（%）应符合下列规定：

小试件　　不大于 10%

中试件　　不大于 15%

大试件　　不大于 20%

7. 对若干个试验结果应计算平均值、标准差、偏差系数和 95%概率的值。

（三）水泥或石灰剂量测定（EDTA 测定法）

1. 准备标准曲线

（1）取样：取工地用石灰和集料。风干后分别过 2.0 或

2.5mm 筛，用烘干法或酒精法测其含水量（如为水泥可假定其含水量为 0%）。

（2）混合料组成的计算：

1）公式：$干料质量 = \frac{湿料质量}{(1+含水量)}$

2）计算步骤：

a. $求干混合料质量 = \frac{300g}{(1+最佳含水量)}$；

b. 干土质量 = 干混合料质量/〔1 + 石灰（或水泥）剂量〕；

c. 干石灰（或水泥）质量 = 干混合料质量 − 干土质量；

d. 湿土质量 = 干土质量 ×（1 + 土的风干含水量）；

e. 湿石灰质量 = 干石灰 ×（1 + 石灰的风干含水量）；

f. 石灰土中应加入的水 300g − 湿土质量 − 湿石灰质量。

（3）准备 5 种试样，每种 2 个样品（以水泥集料为例），如下：

1 种：称 2 份 300g 集料[1]分别放在 2 个搪瓷杯内，集料的含水量应等于工地预期达到的最佳含水量。集料中所加的水应与工地所用的水相同（300g 为湿质量。）

2 种：准备 2 份水泥剂量为 2% 的水泥土混合料试样，每份均重 300g，并分别放在 2 个搪瓷杯内。水泥土混合料的含水量应等于工地预期达到的最佳含水量。混合料中所加的水应与工地所用的水相同。

3 种、4 种、5 种：各准备 2 份水泥剂量分别为 4%、6%、8%[2]的水泥土混合料试样，每份均重 300g，并分别放在 6 个搪瓷杯内，其他要求同 1 种。

（4）取一个盛有试样的搪瓷杯，在杯内加 600mL10% 氯化铵溶液，用不锈钢搅拌棒充分搅拌 3min（每分钟搅 110 ~ 120 次）。如水泥（或石灰）土混合料中的土是细粒土，则也可以用 1000mL

---

[1] 如为细粒土，则每份的质量可以减为 100g。

[2] 在此，准备标准曲线的水泥剂量为：0%、2%、4%、6%和 8%，实际工作中应使工地实际所用水泥或石灰的剂量位于准备标准曲线时所用剂量的中间。

具塞三角瓶代替搪瓷杯，手握三角瓶（瓶口向上）用力振荡3min（每分钟 120 次 ± 5 次），以代替搅拌棒搅拌。放置沉淀4min，如 4min 后得到的是浑浊悬浮液，则应增加放置沉淀时间，直到出现澄清悬浮液为止，并记录所需的时间，以后所有该种水泥（或石灰）土混合料的试验，均应以同一时间为准，然后将上部清液转移到 300mL 烧杯内，搅匀，加盖表面皿待测。

注：当仅用 100g 混合料时，只需 200mL10%氯化铵溶液。

（5）用移液管吸取上层（液面下 1~2cm）悬浮液 10.0mL 放入 200mL 的三角瓶内，用量筒量取 50mL1.8%氢氧化钠（内含三乙醇胺）溶液倒入三角瓶中，此时溶液 pH 值为 12.5~13.0（可用 pH12~14 精密试纸检验），然后加入钙红指示剂（体积约为黄豆大小），摇匀，溶液呈玫瑰红色。用 EDTA 二钠标准液滴定到纯蓝色为终点，记录 EDTA 二钠的耗量（以毫升计，读至 0.1mL）。

（6）对其他几个搪瓷杯中的试样，用同样的方法进行试验，并记录各自的 EDTA 二钠的耗量。

（7）以同一水泥或石灰剂量混合料消耗 EDTA 二钠毫升数的平均值为纵坐标，以水泥或石为剂量（%）为横坐标制图。两者的关系应是一根顺滑的曲线。如素集料或水泥或石灰改变，必须重做标准曲线。

2. 测定剂量

（1）选取有代表性的水泥土或石灰土混合料，称 300g 放在搪瓷杯中，用搅拌棒将结块搅散，加 600mL10%氯化铵溶液，然后如前述步骤那样进行试验。

（2）利用所绘制的标准曲线，根据所消耗 EDTA 二钠毫升数，确定混合料中的水泥或石灰剂量。

（四）压实度

无机结合料稳定材料的压实度可以用环刀法、灌砂法、核子仪法、钻芯法等进行检测。

（五）标准击实

1. 试验方法类别

不同类型的标准击实见表5-75。

不同类型的标准击实　　表5-75

类别	锤的质量（kg）	锤击面直径（cm）	落高（cm）	试筒尺寸			锤击层数	每层锤击次数	平均单位击实功（J）	容许最大粒径（mm）
				内径（cm）	高（cm）	容积（cm^3）				
甲	4.5	5.0	45	10	12.7	997	5	27	2.687	25
乙	4.5	5.0	45	15.2	12.0	2177	5	59	2.687	25
丙	4.5	5.0	45	15.2	12.0	2177	3	98	2.677	40

2. 试料准备

将具有代表性的风干试料（必要时，也可以在50℃烘箱内烘干）用木锤或木碾捣碎。土团均应捣碎到能通过5mm的筛孔。但应注意不使粒料的单个颗粒破碎或不使其破碎程度超过施工中拌合机的破碎率。

如试料是细粒土，将已捣碎的具有代表性的土过5mm筛备用（用甲法或乙法做试验）。

如试料中含有粒径大于5mm的颗粒，则先将试料过25mm的筛，如存留在筛孔25mm筛的颗粒的含量不超过20%，则过筛料留作备用（用甲法或乙法做试验）。

如试料中粒径大于25mm的颗粒含量过多，则将试料过40mm的筛备用（用丙法试验）。

每次筛分后，均匀记录超尺寸颗粒的百分率。

在预定做击实试验的前一天，取有代表性的试料测定其风干含水量。对于细粒土试样不少于100g，对于中粒土（粒径小于25mm的各种集料），试样应不少于1000g；对于粗粒土的各种集料，试样应不少于2000g。

3. 试验步骤（以甲法为例）

（1）将已筛分的试样用四分法逐次分小，至最后取出约10~15kg试料。再用四分法将已取出的试料分成5~6份，每份试样的干质量为2.0kg（对于细粒土）或2.5kg（对于各种中粒土）。

（2）预定5~6个含水量,依次相差1%~2%,且其中至少有两个大于和两个小于最佳含水量。对于细粒土,可参照其塑限估计素土的最佳含水量。一般其最佳含水量较塑限约小3%~10%,对于砂性土接近3%,对于黏性土约为6%~10%。天然砂砾土,级配集料等的最佳含水量与集料中细土的含量和塑性指数有关,一般变化在5%~12%之间。对于细土少的、塑性指数为0的未筛分碎石,其最佳含水量接近5%。对于细土偏多的、塑性指数较大的砂砾土,其最佳含水量约在10%左右。水泥稳定土的最佳含水量与素土的接近,石灰稳定土的最佳含水量可能较素土大1%~3%。

对于中粒土，在最佳含水量附近取1%，其余取2%。对于细粒土取2%，但对于黏土，特别是重黏土，可能需要取3%。

（3）按预定含水量制备试样。将1份试料平铺于金属盘内，将事先计算得到的该份试料中应加的水量均匀地喷洒在试料上，用小铲将试料充分拌合到均匀状态（如为石灰稳定土和水泥、石灰综合稳定土，可将石灰和试料一起拌均），然后装入密闭容器或塑料口袋内浸润备用。

浸润时间：黏性土12~24h，粉性土6~8h，砂性土、砂砾土、红土砂砾、级配砂砾等可以缩短到4h左右，含土很少的未筛分碎石、砂砾和砂可缩短到2h。

应加水量可按式（5-79）计算：

$$Q_W = \left(\frac{Q_n}{1+0.01\omega_n} + \frac{Q_c}{1+0.01\omega_c}\right) \times 0.01\omega - \frac{Q_n}{1+0.01\omega_n} \times 0.01\omega_n - \frac{Q_c}{1+0.01\omega_c} \times 0.01\omega_c \quad (5\text{-}79)$$

式中 Q_W——混合料中应加的水量；

Q_n——混合料中素土（或骨料）的质量（g），其原始含水量为 ω_n，即风干含水量（%）；

Q_c——混合料中水泥或石灰的质量（g），其原始含水量

为 ω_c（%）；

ω——要求达到的混合料的含水量（%）。

（4）将所需要的稳定剂量的水泥加到浸润后的试料中，并用小铲、泥刀或其他工具充分拌合到均匀状态。加有水泥的试样拌合后，应在 1h 内完成下述击实试验，拌合后超过 1h 的试样，应予作废（石灰稳定土和石灰粉煤灰除外）。

（5）试筒套环与击实底板应紧密联结。将击实筒放在坚实地面上，取制备好的试样（仍用四分法）400~500g（其量应使击实后的试样等于或略高于筒高的 1/5）倒入筒内，整平其表面并稍加压紧，然后按所需击数进行第一层试样的击实。击实时，击锤应自由垂直落下，落高应为 45cm，锤迹必须均匀分布于试样面。第一层击实后，检查该层高度是否合适，以便调整以后几层的试样用量。用刮土刀或改锥将已击实层的表面“拉毛”，然后重复上述做法，进行其余四层试样的击实。最后一层试样击实后，试样超出试筒顶的高度不得大于 6mm，超出高度过大的试样应该作废。

（6）用刮土刀沿套环内壁削挖(使试样与套环脱离)后,扭动并取下套环。齐筒顶细心刮平试样,并拆除底板。如试样底面略突出筒外或有孔洞,则应细心刮平或修补。最后用工字型刮平尺齐筒顶和筒底将试样刮平。擦净试筒的外壁,称其质量并准确至 5g。

（7）用脱模器推出筒内试样。从试样内部从上到下取两个有代表性的样品（可将脱出试件用锤打碎后，用四分法采取），测定其含水量，计算至 0.1%。两个试样的含水量的差值不得大于 1%。所取样品的数量见表 5-76（如只取一个样品测定含水量，则样品的质量应为表列数值的两倍）。

测稳定土含水量的样品数量　　表 5-76

最大粒径（mm）	样品质量（g）
2	约 50
5	约 100
25	约 500

烘箱的温度应事先调整到110℃左右，以使放入的试样能立即在105～110℃的温度下烘干。

（8）按第（3）～第（7）项的步骤进行其余含水量下稳定土的击实和测定工作。

凡已用过的试样，一律不再重复使用。

4. 计算与制图

（1）按式（5-80）计算每次击实后的稳定土的湿密度：

$$\rho_{\omega}=\frac{Q_1-Q_2}{V} \tag{5-80}$$

式中 ρ_{ω}——稳定土的湿密度（g/cm^3）；

Q_1——试筒与湿试样的总质量（g）；

Q_2——试筒的质量（g）；

V——试筒的体积（cm^3）。

（2）按式（5-81）计算每次击实后的稳定土的干密度：

$$\rho_{d}=\frac{\rho_{\omega}}{1+0.01\omega} \tag{5-81}$$

式中 ρ_{ω}——稳定土的干密度（g/cm^3）；

ω——稳定土的含水量（%）。

（3）以干密度为纵坐标，以含水量为横坐标，在普通直角坐标纸上绘制干密度与含水量的关系曲线，驼峰形曲线顶点的纵坐标分别为稳定土的最大干密度和最佳含水量。最大干密度用两位小数表示。如最佳含水量的值在12%以上，用整数表示；如最佳含水量的值在6%～12%，则用一位小数“0”或“5”表示；如最佳含水量的值在6%以下，则用一位小数，并用偶数表示。

5. 精密度或允许误差

应做两次平行试验，两次试验最大干密度的差不应超过0.05g/cm^3（稳定细粒土）和0.08g/cm^3（稳定中粒土和粗粒土），最佳含水量的差不应超过0.5%（最佳含水量小于10%）和1.0%（最佳含水量大于10%）。

如试验点不足以连成完整的驼峰形曲线，应进行补充试验。

6. 超尺寸颗粒的校正

当试样中大于规定最大粒径的超尺寸颗粒的含量在5%～30%时，按式（5-82）和式（5-83）对最大干密度和最佳含水量进行校正（超尺寸颗粒的含量小于5%时，可以不进行校正）。

$$\rho'_{dm}=\rho_{dm}(1-0.01p)+0.9\times0.01pG'_{\alpha} \quad (5\text{-}82)$$

式中 ρ'_{dm}——校正后的最大干密度（g/cm^3），精确至$0.01g/cm^3$；

ρ_{dm}——试验所得的最大干密度（g/cm^3）；

p——试样中大于规定最大粒径的超尺寸颗粒的含量（%）；

G'_{α}——超尺寸颗粒的毛体积相对密度（g/cm^3）。

$$\omega''_0=\omega_0(1-0.01p)+0.01p\omega_{\alpha} \quad (5\text{-}83)$$

式中 ω''_0——校正后的最佳含水量（%）；

ω_0——试验所得的最佳含水量（%）；

ω_{α}——超尺寸颗粒的吸水量（%）。

第十九节 沥青混合料

一、依据标准

《沥青路面施工及验收规范》（GB50092—1996）；
《公路工程沥青及沥青混合料试验规程》（JTJ052—2000）；
《市政道路工程质量检验评定标准》（CJJ1—1990）。

二、常规检验项目

马歇尔试验、矿料级配、沥青含量、压实度

三、技术指标

1. 马歇尔试验

马歇尔试验的技术指标见表 5-77。

热拌沥青混合料马歇尔试验技术指标　　表 5-77

试验项目	沥青混合料类型	高速公路、一级公路、城市快速路、主干路	其他等级公路与城市道路	人行道路
击实次数（次）	沥青混凝土 沥青碎石、抗滑表层	两面各 75 两面各 50	两面各 50 两面各 50	两面各 35 两面各 35
稳定度（kN）	Ⅰ沥青混凝土 Ⅱ沥青混凝土、抗滑表层	>7.5 >5.0	>5.0 >4.0	>3.0 —
流值（0.1mm）	Ⅰ沥青混凝土 Ⅱ沥青混凝土、抗滑表层	20~40 20~40	20~45 20~45	20~50 —
空隙率（%）	Ⅰ沥青混凝土 Ⅱ沥青混凝土、抗滑表层 沥青碎石	3~6 4~10 >10	3~6 4~10 >10	2~5 — —
沥青饱和度（%）	Ⅰ沥青混凝土 Ⅱ沥青混凝土、抗滑表层 沥青碎石	70~85 60~75 40~60	70~85 60~75 40~60	75~90 — —
残留稳定度（%）	Ⅰ沥青混凝土 Ⅱ沥青混凝土、抗滑表层	>75 >70	>75 >70	>75 —

2. 矿料级配

拌合好的沥青混合料的矿料级配应满足表 5-78 的规定。

矿料级配与生产标准级配的差　　表 5-78

筛孔尺寸		允许偏差（单点检验）		试验方法说明
方孔筛	圆孔筛	高速公路、一级公路、城市快速路、主干路	其他等级公路与城市道路	
0.075mm ≤2.36mm ≥4.75mm	0.075mm ≤2.5mm ≥5.0mm	±2% ±6% ±7%	±2% ±7% ±8%	拌合厂取料，用抽提后的矿料筛分，应至少检查 0.075mm、2.36mm、4.75mm、最大粒径及中间粒径等 5 个筛孔，中间粒径宜为：细、中粒径为 9.5 mm（圆孔 10）；粗粒式为 13.2 mm（圆孔 15）

3. 沥青含量和压实度

沥青混合料的沥青含量和碾压好的沥青混合料的压实度应满足表5-79的规定。

沥青含量和压实度要求　　表5-79

试验项目	允许偏差（单点检验）	
	高速公路、一级公路、城市快速路、主干路	其他等级公路与城市道路
沥青含量	±0.3%	±0.5%
压实度	不低于马歇尔试验密度的96% 不低于试验段钻孔密度的99%	不低于马歇尔试验密度的95% 不低于试验段钻孔密度的99%

四、试验方法

（一）马歇尔试验

1. 试件的制作（击实法）

（1）在拌合厂或施工现场采集沥青混合料试样时，将采集的试样置于铁锅中，再将铁锅置于加热的砂浴上保温，在混合料中插入温度计测量温度，待混合料温度符合击实温度要求后用于成型。

（2）室内人工配制时

1）将各种规格的矿料在105±5℃的烘箱中烘干至恒重。

2）按照规定的试验方法分别测定不同粒径粗、细集料、填料的视密度及沥青的密度。

3）将烘干分级的粗细骨料，按每个试件设计级配成分要求称其质量，在一金属盘中混合均匀，矿粉单独加热，置烘箱中预热至沥青拌合温度以上15℃（石油沥青通常为163℃）备用。一般按一组（每组3～6个）试件备料，但进行配合比设计时宜一个一个单独备料，当采用替代法时，对粗骨料中粒径大于26.5mm的部分，以13.2～26.5mm粗骨料等量替代。常温沥青混合料的矿料不加热。

4）混合料中的沥青，用油浴、电热套或恒温烘箱熔化到拌合温度备用。

5）拌制沥青混合料

a．黏稠石油沥青或煤沥青

将沥青混合料拌合机预热至拌合温度以上10℃左右备用。

将每个试件预热的粗细骨料置于拌合机中，用小铲子适当拌合，然后再加入需要数量的热沥青，开动拌合机拌合1～1.5min，然后暂停拌合，加入单独加热的矿粉，继续拌合到均匀为止。标准的总拌合时间为3min。

b．液体石油沥青

将每组（或每个）试件的矿料放于已加热至55～100℃的沥青混合料拌合机中，注入要求数量的液体沥青，并将混合料边加热边拌合，直至根据预先计算液体沥青中的溶剂挥发到50%后为止。

c．乳化沥青

将每个试件的粗细骨料，置于沥青混合料拌合机（不加热，也可人工炒拌）中，注入计算的用水量（阴离子乳化沥青不加水）后，拌合均匀并使矿料表面完全湿润，再加入设计的乳化沥青用量，在1min内拌合均匀，然后加入矿粉后迅速拌合，到混合料拌成褐色为止。

（3）成型步骤

1）将拌好的沥青混合料，均匀称取一个试件所需的用量（约1200克）。当一次拌合几个试件时，应将其倒入经预热的金属盘中，用小铲适当拌合均匀分成几份，分别取用。

2）从烘箱中取出预热的试模及套筒，用粘有少许黄油的棉纱擦拭套筒、底座及击实锤底面，将试模装在底座上，按四分法从四个方向用小铲将混合料铲入试模中，用插刀或大螺丝刀沿周边插捣15次，中间10次。插捣后将沥青混合料表面整平成凸圆弧面。

3）插入温度计，至混合料中心附近，检查混合料温度。

4）待混合料温度符合要求的压实温度后，将试模连同底座一起放在击实台上固定，再将装有击实锤及导向棒的压实头插入试模中，然后开启马达或人工将击实锤从457mm的高度自由落下击实规定的次数。

5）试件击实一面后，取下套筒，将试模调头，装上套筒，然后以同样的方法和次数击实另一面。

乳化沥青混合料试件在两面击实后，将一组试件在室温下横向放置24h；另一组试件放在烘箱（105±5℃）中养生24h。将养生试件取出后再立即两面锤击各25次。

6）试件击实结束后，用卡尺量取试件离试模上口的高度并由此计算试件高度，如高度不符合要求时，试件应作废，并按下式调整试件的混合料数量，以保证高度符合63.5±1.3mm的要求。

调整后混合料数量=6.35×原用混合料数量/所得试件的高度

7）卸去套筒和底座，将装有试件的试模横向放置冷却到室温后，用脱模机脱出试件。

8）将试件仔细放置在干燥洁净的平面上，在室温下静置过夜（12h以上）供试验用。

2. 马歇尔试验前准备工作

(1) 量测试件的直径和高度：用卡尺测量试件中部的直径和试件的高度。如试件的高度不符合63.5±1.3mm的要求或两侧高度差大于2mm，试件作废。

(2) 将恒温水浴调节到要求的试验温度，对黏稠沥青或烘箱养生的乳化沥青混合料为60±1℃，对煤沥青混合料为37.8±1℃，对空气养生的乳化沥青或液体沥青混合料为25±1℃。

3. 马歇尔试验步骤

(1) 将试件放在已达规定温度的恒温水槽中保温30~40min。试件应垫起不小于5mm。

(2) 将马歇尔试验仪的上下夹头放入水槽或烘箱中达到同样温度。将上下夹头从水槽或烘箱中取出擦干净内表面。再将试件取出放在下夹头上，盖上上夹头，然后装在加载设备上。

(3) 将流值测定装置安装在导棒上，使导向套管轻轻地压住上压头，同时将流值计读数调零。

(4) 在上压头的球座上放妥钢球，并对准荷载测定装置（力环或传感器）的压头，然后调整力环中百分表对准零或将荷载传感器的读数复位为零。

(5) 启动加载设备，使试件承受荷载，加载速度为 50 ± 5mm/min。当试验荷载达到最大值的瞬间，取下流值计，同时读取力环中百分表或荷载传感器读数及流值计的流值读数。

(6) 从恒温水槽中取出试件至测出最大荷载值的时间，不应超过 30s。

4. 浸水马歇尔试验方法

浸水马歇尔试验方法与标准马歇尔试验方法的不同之处在于，试件在已达规定温度恒温水槽中的保温时间为 48h，其余均与上节相同。

5. 真空饱水马歇尔试验的方法

试件先放入真空干燥器中，关闭进水胶管，开动真空泵，使干燥器的真空度达到 97.3kPa（730mmHg）以上，维持 15min，然后打开进水胶管，靠负压进入冷水流使试件全部浸入水中，浸水 15min 后恢复常压，取出试件再放入已达规定温度的恒温水槽中保温 48h，进行马歇尔试验，其余与上上节相同。

6. 计算

(1) 试件的稳定度及流值

由荷载测定装置读取的最大值即为试样的稳定度。当用应力环百分表测定时，根据应力环标定曲线，将应力环中百分表的读数换算为荷载值，即试件的稳定度（MS），以 kN 计。

由流值计及位移传感器测定装置读取的试件垂直变形，即为试件的流值（FL），以 0.1mm 计。

(2) 试件的马歇尔模数

试件的马歇尔模数按式（5-84）计算：

$$T = \frac{M_S \times 10}{F_L} \tag{5-84}$$

式中　T——试件的马歇尔模数（kN/mm）；

M_S——试件的稳定度（kN）；

F_L——试件的流值（0.1mm）。

（3）试件的浸水残留稳定度

试件的浸水残留稳定度以式（5-85）计算：

$$M_{S_0} = \frac{M_{S_1}}{M_S} \times 100 \tag{5-85}$$

式中　M_{S_0}——试件的浸水残留稳定度（%）；

M_{S_1}——试件浸水 48h 后的稳定度（kN）。

（4）试件的真空饱水稳定度

试件的真空饱水残留稳定度以式（5-86）计算：

$$M'_{S_0} = \frac{M_{S_2}}{M_S} \times 100 \tag{5-86}$$

式中　M'_{S_0}——试件的真空饱水残留稳定度（%）；

M_{S_2}——试件真空饱水后浸水 48h 后的稳定度（kN）。

（二）沥青混合料中沥青含量试验（离心分离法）

1. 准备工作

（1）在拌合厂从运料卡车采取沥青混合料试样，放在金属盘中适当拌合，待温度下降至 100℃以下时，用大烧杯取混合料试样质量 1000～1500g 左右（粗粒式沥青混合料用高限，细粒式用低限，中粒式用中限），精确至 0.1g。

（2）如果试样是路上用钻机法或切割法取得的，应用电风扇吹风使其完全干燥，置微波炉或烘箱中适当加热后成松散状态取样，但不得锤击以防骨料破碎。

2. 试验步骤

（1）向装有试样的烧杯中注入三氯乙烯溶剂，将其浸没，记录溶剂用量，浸泡 30min，用玻璃棒适当搅动混合料，使沥青充分溶解。

注：也可直接在离心分离器中浸泡。

(2) 将混合料及溶液倒入离心分离器，用少量溶剂将烧杯及玻璃棒上的黏附物全部洗入分离容器中。

(3) 称取洁净的圆环形滤纸质量，精确至0.01g。注意，滤纸不宜多次反复使用，有破损者不能使用，有石粉粘附时应用毛刷清除干净。

(4) 将滤纸垫在分离器边缘上，加盖紧固，在分离器出口处放上回收瓶，上口应注意密封，防止流出液成雾状散失。

(5) 开动离心机，转速逐渐增至3000r/min，沥青溶液通过排出口注入回收瓶中，待流出停止后停机。

(6) 从上盖的孔中加入新溶剂，数量相同，稍停3~5min后，重复上述操作，如此数次直至流出的抽提液成清澈的淡黄色为止。

(7) 卸下上盖，取下圆形滤纸，在通风橱或室内空气中蒸发干燥，然后放入105±5℃的烘箱中干燥，称取质量，其增重部分（m_2）为矿粉的一部分。

(8) 将容器中的集料仔细取出，在通风橱或室内空气中蒸发后放入105±5℃烘箱中烘干（一般需4h），然后放入大干燥器中冷却至室温，称取骨料质量（m_1）。

(9) 用压力过滤器过滤回收瓶中的沥青溶液，由滤纸的增重m_3得出泄漏滤液中矿粉，如无压力过滤器时，也可用燃烧法测定。

(10) 用燃烧法测定抽提液中矿粉质量的步骤如下：

将回收瓶中的抽提液倒入量筒中，准确定量至1mL（V_a）。

充分搅匀抽提液，取出10mL（V_b）放入坩锅中，在热浴上适当加热使溶液试样变成暗黑色后，置高温炉（500~600℃）中烧成残渣，取出坩埚冷却。

向坩埚中按每1g残渣5mL的用量比例，注入碳酸氨饱和溶液，静置1h，放入105±5℃炉箱中干燥。

取出放在干燥器中冷却，称取残渣质量（m_4）。

3. 计算

（1）沥青混合料中矿料的总质量按式（5-87）计算：

$$m_a = m_1 + m_2 + m_3 \tag{5-87}$$

式中 m_a——沥青混合料中矿料部分的总质量（g）；

m_1——容器中留下的集料干燥质量（g）；

m_2——圆环形滤纸在试验前后的增重（g）；

m_3——泄漏入抽提液中的矿粉质量（g），用燃烧法时可按下式（5-88）计算：

$$m_3 = \frac{m_4 \times V_a}{V_b} \times 100 \tag{5-88}$$

式中 V_a——抽提液的总体积（mL）；

V_b——取出的燃烧干燥的抽提液体积（mL）；

m_4——坩埚中燃烧干燥的残渣质量（g）。

（2）沥青混合料中的沥青含量按照式（5-89）计算：

$$P_b = \frac{m - m_a}{m} \tag{5-89}$$

沥青混合料中的油石比按照式（5-90）计算：

$$P_a = \frac{m - m_a}{m_a} \tag{5-90}$$

式中 m——沥青混合料的总质量（g）。

（三）矿料级配检验方法

1. 准备工作

（1）将沥青混合料从拌和厂选取代表性样品。

（2）将沥青混合料试样抽提沥青后，将全部矿质混合料放入样品盘中置温度105±5℃烘干，并冷却至室温。

注：应将粘在滤纸、棉花上的矿粉及抽提液中的矿粉计入矿料的矿粉含量中。

（3）按沥青混合料矿料级配设计要求，选用全部或部分需要筛孔的标准筛，作施工质量检验时，一般应包括0.075、2.36、4.75（mm）及骨料最大粒径等5个筛孔。如为圆孔筛，一般应包括 0.074、2.5、5.0（mm）及骨料最大粒径等 5 个筛，按大小顺序排列成套筛。

2. 试验

将抽提后的矿料试样（必要时采用四分法称取试样）称其质量 1～1.5kg，精确至 0.1g。

将标准筛带筛底置摇筛机上，并将矿质混合料置于筛内，盖妥筛盖后，压紧摇筛机，开动摇筛机筛分 10min。取下套筛后，按筛孔大小顺序，在一清洁的浅盘上，再逐个进行手筛，手筛时可用手轻轻拍击筛框并经常地转动筛子，直到每分钟筛出量不超过筛上试样质量的 0.1% 时为止，但不允许用手将颗粒塞过筛孔，筛下的颗粒并入下一号筛，并和下一号筛中试样一起过筛。

称量各筛余颗粒的质量，精确至 0.1g。注意，所有各筛的分计筛余量和底盘中剩余质量的总和与筛分前试样总质量相比，相差不得超过总质量的 1%。

3. 计算

（1）试样的分计筛余量按式（5-91）计算：

$$P_i = \frac{m_1}{m} \times 100 \tag{5-91}$$

式中 P_i——第 i 级试样的分计筛余量（%）；

m_i——第 i 级筛上颗粒的质量（g）；

m——试样的质量（g）。

（2）累计筛余百分率：该号筛上的分计筛余百分率与大于该号筛上的分计筛余百分率之和，精确至 0.1%。

（3）通过筛分百分率：用 100 减去该号筛上的累计筛余百分率，精确至 0.1%。

（4）以筛孔尺寸为横坐标，各个筛孔的通过筛分百分率为纵坐标，绘制矿料组成级配曲线，评定该试样的颗粒组成。

（四）压实度

压实度检测可以采用钻芯法或核子仪法，具体试验方法见相关内容。

第二十节　现场检测试验方法

一、依据标准

《公路路基路面现场测试规程》（JTJ059—1995）；
《市政道路工程质量检验评定标准》（CJJ1—1990）；
《市政桥梁工程质量检验评定标准》（CJJ2—1990）；
《市政排水管渠工程质量检验评定标准》（CJJ3—1990）；
《回弹检测混凝土抗压强度技术规程》（JGJ/T23—2001）。

二、通常的现场检测项目

压实度、用贝克曼梁测承载能力、回弹法测混凝土强度。

三、现场取样频率

（一）压实度

1．路床

（1）人行道

上为预制块　　100m/2点；
上为沥青类　　$1000m^2$/2点；
上为现场浇筑混凝土　　100m/2点。

（2）主干道　　$1000m^2$/3点。

2．基层

（1）砂石基层　　$1000m^2$/1点；
（2）碎石基层　　$1000m^2$/1点；
（3）沥青贯入碎石基层　　$1000m^2$/1点；
（4）石灰土类基层　　$1000m^2$/1点；
（5）石灰粉煤灰混合料　　$1000m^2$/1点。

3．面层

（1）沥青混凝土　　$2000m^2$/1点；

(2) 黑色碎石　　　　　　　$2000m^2$/1 点;

(3) 沥青贯入式　　　　　　$2000m^2$/1 点。

4. 基坑回填　　每层一组/3 点。

5. 管道回填　　每两井段每层一组/3 点。

(二) 用贝克曼梁测承载能力

每一双车道评定路段（不超过 1000m）检查 80~100 点，多车道必须按车道数与双车道之比，相应增加测点。

(三) 回弹法测混凝土强度

1. 单个检测：适用于单独的结构或构件的检测。主要用于对混凝土强度质量有怀疑的独立结构（如现浇整体的壳体）、烟囱、水塔、连续墙等）和单独构件（如结构物中的柱、梁、屋架、板、基础等）的混凝土强度进行检测推定。

2. 按批抽样检测：适用于混凝土强度等级相同，原材料、配合比、成型工艺、养护条件基本一致且龄期相近的同种类构件的检测。随机抽取的数不少于同批构件总数的 30%，且不少于 100 个测区。

四、试验方法

(一) 压实度检测

压实度检测的几种常见方法：环刀法、灌砂法、蜡封法、核子密度湿度仪法、钻芯取样法。

1. 环刀法

(1) 操作步骤

1) 按工程需要取原状土或制备所需状态的扰动土样，整平其两端，将环刀内壁涂一薄层凡士林，刃口向下放在土样上。

2) 用切土刀（或钢丝锯）将土样削成略大于环刀直径的土柱。然后将环刀垂直下压，边压边削，至土样伸出环刀为止。将两端余土削去修平，取剩余的代表性土样测定含水量。

3) 擦净环刀外壁称质量。若在天平放砝码一端放一等质量环刀，可直接称出湿土质量。精确至 0.1g。

（2）计算

按式（5-92）计算质量密度及按照式（5-93）计算干质量密度：

$$\rho_0 = \frac{m_\omega}{V} \tag{5-92}$$

$$\rho_d = \frac{\rho_0}{1 + \omega_1} \tag{5-93}$$

式中　ρ_0——湿质量密度（g/cm^3），精确至 0.01；

ρ_d——干质量密度（g/cm^3），精确至 0.01；

m_ω——湿土质量（g）；

V——环刀容积（cm^3）；

ω——含水量（%）。

2. 灌砂法

（1）操作步骤（用套环）

1）在试验地点，将面积约 40cm × 40cm 的一块地面铲平。如检查填土压实度时应将表面未压实土层清除掉，并将压实土层铲去一部分(其深度视需要而定)，使试坑底能达到规定的取土深度，见图 5-5。

2）称盛量砂的容器加量砂的质量，将仪器放在整平的地面上，用固定器将套环位置固定。开漏斗阀，将量砂经漏斗灌入套环内，待套环灌满后，拿掉漏斗，漏斗架及防风筒（无风可不用防风筒），用直尺刮平套环上砂面，使与套环边缘齐平。将刮下的量砂细心倒回量砂容器，不得丢失，称量砂容器加第一次剩余量砂质量。

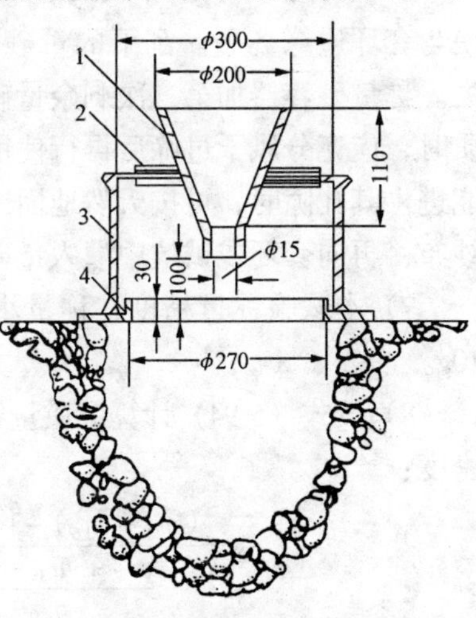

图 5-5　灌砂法质量密度试验仪

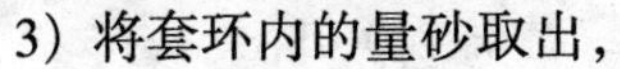
3）将套环内的量砂取出，

称其质量，倒回量砂容器内，环内量砂允许有少部分仍留在环内。

4）在套环内挖试坑，其尺寸大致符合表5-80规定。

试样最大粒径与相应的试坑尺寸　　　表5-80

试样最大粒径（mm）	试坑尺寸	
	直径（mm）	深度（mm）
5～25	150	200
25～60	200	250
80	250	300

挖坑时要特别小心，将已松动的试样全部取出。放入盛试样的容器内，将盖盖好，称容器加试样质量，并取代表性试样，测定其含水量。

5）在套环上重新装上防风筒、漏斗架及漏斗。将量砂经漏斗灌入试坑内。量砂下落速度应大致相等，直至灌满套环。

6）取掉漏斗、漏斗架及防风筒，用直尺刮平套环上的砂面，使与套环边缘齐平。刮下的量砂全部倒回量砂容器内，不得丢失。称量砂容器加第二次剩余量砂质量。若量砂被浸湿或混有杂质时，应充分风干过筛后再行使用。若土中有很大孔隙，量砂可能进入其孔隙时，可按天然地面或试坑外形，松弛地放一层柔软纱布，再向套环或试坑中灌入量砂。

7）本试验称量精度：称量小于10kg为5g；大于10kg时为10g。

8）按式（5-94）计算湿质量密度及按式（5-93）计算干质量密度：

$$\rho_0=\frac{(m_4-m_6)-[(m_1-m_2)-m_3]}{\dfrac{m_2+m_3-m_5}{\rho_n}-\dfrac{m_1-m_2}{\rho_s}} \tag{5-94}$$

式中　ρ_0——湿质量密度（g/cm^3），精确至0.01；

m_1——量砂容器加原有量砂总质量（g）;

m_2——量砂容器加第一次剩余量砂质量（g）;

m_3——从套环中取出的量砂质量（g）;

m_4——试样容器加试样质量(包括少量遗留量砂质量)(g);

m_5——量砂容器加第二剩余量砂质量（g）;

m_6——试样容器质量（g）;

w_1——含水量（%）;

ρ_n——往试坑内灌砂时量砂的平均质量密度（g/cm^3）;

ρ_s——挖试坑前，往套环内灌砂时量砂的平均质量密度（g/cm^3）。

因量砂质量密度随灌砂时量砂的落距及试坑尺寸而不同，故式中的量砂质量密度 ρ_s 及 ρ_n 必须采用与灌砂条件相适应的质量密度。若经量砂质量密度校验证明 ρ_s 与 ρ_n 相差很小时，式中 ρ_s 可用 ρ_n 代替。

(2) 操作步骤（不用套环）

1）按用套环操作步骤一准备试验地点，在刮平的地面上按其操作步骤 4）的规定挖坑。

2）称盛量砂容器加量砂总质量，在试坑上放置防风筒和漏斗灌入试坑内，量砂下落速度应大致相等，直至灌满套环。

3）试坑灌满量砂后，去掉漏斗及防风筒，用直尺刮平量砂表面，使与原地面齐平，将多余的量砂倒回量砂容器，不足时可以补充。称量砂容器加剩余量砂质量。

4）按式（5-95）计算湿质量密度及按式（5-93）计算干质量密度：

$$\rho_0 = \frac{\rho_n\ (m_4 - m_6)}{m_1 - m_7} \tag{5-95}$$

式中 m_7——量砂容器加剩余量砂质量（g），其余符号意义同式（5-95）。

精确至 0.01（g/cm^3）。

5）本试验需进行二次平行测定，取其算术平均值。

3. 核子密度湿度仪法

本方法用于测定沥青混合料面层的压实密度时，在表面用散射法测定，所测定沥青面层的层厚应不大于仪器性能决定的最大厚度。用于测定土基或基层材料的压实密度及含水率时，打洞后用直接透射法测定，测定层的厚度不宜大于 20cm。

（1）准备工作

1）每次使用前按下列步骤用标准板测定仪器的标准值：

接通电源，按照仪器使用说明书建议的预热时间，预热测定仪。

在测定前，应检查仪器性能是否正常。在标准板上取 3～4 个读数的平均值建立原始标准值，并与使用说明书提供的标准值核对，如标准读数超过仪器使用说明书规定的限界时，应重复此项标准的测量；若第二次标准计数仍超出规定的限界时，需视作故障并进行仪器检查。

2）在进行沥青混合料压实层密度测定前，应用核子仪与钻孔取样的试件进行标定；测定其他材料密度时，宜与挖坑灌砂法的结果进行标定。标定的步骤如下：

选择压实的路表面，按要求的测定步骤用核子仪测定密度，读数；

在测定的同一位置用钻机钻孔法或挖坑灌砂法取样，量测厚度，按规定的标准方法测定材料的密度；

对同一种路面厚度及材料类型，在使用前至少测定 15 处，求取两种不同方法测定的密度的相关关系，其相关系数应不小于 0.9。

3）测试位置的选择

按照随机取样的方法确定测试位置，但与距路面边缘或其他物体的最小距离不得小于 30cm。核子仪距其他的射线源不得少于 10cm；

当用散射法测定时，应用细砂填平测试位置路表结构凸凹不平的空隙，使路表面平整，能与仪器紧密接触；

当使用直接透射法测定时，在表面上用钻杆打孔，孔深略深于要求测定的深度，孔应竖直圆滑并稍大于射线源探头。

4）按照规定的时间，预热仪器。

（2）测定步骤

1）如用散射法测定时，应将核子仪平稳地置于测试位置上。

2）如用直接透射法测定时，应将放射源棒放下插入已预先打好的孔内。

3）打开仪器,测试员退出仪器 2m 以外,按照选定的测定时间进行测量,到达测定时间后,读取显示的各项数值,并迅速关机。

注：有关各种型号的仪器在具体操作步骤上略有不同，可按照仪器使用说明书进行。

（3）计算

按式（5-96）计算施工干密度及按式（5-97）计算施工压实度：

$$\rho_d = \frac{\rho_\omega}{1 + \omega} \tag{5-96}$$

$$K = \frac{\rho_d}{\rho_0} \times 100 \tag{5-97}$$

式中 K——测试地点的施工压实度（%）；

ω——含水量（%）；

ρ_ω——试样的湿密度（g/cm^3）；

ρ_d——试样的干密度（g/cm^3）；

ρ_0——由击实试验得到的最大干密度（g/cm^3）。

（4）使用安全注意事项

仪器工作时，所有人员均应退至距离仪器 2m 以外的地方。

仪器不使用时，应将手柄置于安全位置，仪器应装入专用的仪器箱内，放置在符合核辐射安全规定的地方。

仪器应由经有关部门审查合格的专人保管，专人使用。对从事仪器保管及使用的人员应遵照有关核辐射检测的规定，不符合核防护规定的人员，不宜从事此项工作。

4．钻芯法

（1）钻取芯样

用取芯机钻取路面芯样，芯样直径不宜小于 100mm。当一次钻孔取得的芯样包含有不同层位的试样时，应根据结构组合情况用切割机将芯样沿各层结合面锯开分层进行测定。

（2）测定试件密度

将钻取的试件在水中用毛刷轻轻刷净粘附的粉尘，如试件边角有浮松颗粒，应仔细清除。

将试件晾干或用电风扇吹干不少于24h，直至恒重。

按试件密度试验方法测定试件的视密度或毛体积密度 ρ_s。当试件的吸水率小于2%时，采用水中重法或表干法测定；当吸水率大于2%时，用蜡封法测定；对空隙率很大的透水性混合料及开级配混合料用体积法测定。

（3）计算压实度

按式（5-98）计算压实度：

$$K=\frac{\rho_s}{\rho_0}\times 100 \tag{5-98}$$

式中 K——测试地点的施工压实度（%）；

ρ_s——试样的干密度（g/ cm^3）；

ρ_0——由击实试验得到的最大干密度（g/ cm^3）。

5. 蜡封法

（1）对原状土用削土刀切取体积大于30cm^{3}试件（对沥青混合料可用钻芯、切割或刨取的试样），削除试件表面的松、浮土以及尖锐棱角，在天平上称量，精确至0.01g。取代表性土样进行含水量测定。

（2）将石蜡加热至刚过熔点，用细线系住试件浸入石蜡中，使试件表面覆盖一薄层严密的石蜡，若试件蜡膜上有气泡，需用热针刺破气泡，再用石蜡填充针空，涂平孔口。

（3）待冷却后，将蜡封试件置于天平上，称蜡封试件的质量，精确至0.01g。

（4）用细线将蜡封试件置于天平一端，使其浸浮在盛有蒸馏水的烧杯中，注意试件不要接触烧杯壁，称蜡封试件在水中的质量，精确至0.01g，并测量蒸馏水的温度。

(5) 将蜡封试件从水中取出，擦干石蜡表面水分，在空气中称其质量。若质量增加，表示水分进入试件中，应另取试件重作。

(6) 按式（5-99）计算试样的密度 ρ_0：

$$\rho_0 = \frac{m}{\dfrac{m_1 - m_{2T}}{\rho_{\omega T}} - \dfrac{m_1 - m}{\rho_n}} \tag{5-99}$$

式中 m——试件质量（g）；

m_1——蜡封后试件质量（g）；

m_{2T}——蜡封后试件在 T（℃）水中的质量（g）；

$\rho_{\omega T}$——纯水在 T（℃）的密度（g/cm^3）；

ρ_n——蜡的密度（g/cm^3）。

（二）用贝克曼梁测承载能力

1. 准备工作

(1) 按照公路等级选择合适的测试车：高速公路、一级及二级公路应采用后轴 10t 的 BZZ-100 标准车；其他等级公路可采用后轴 6t 的 BZZ-60 标准车。标准车的参数见表 5-81。

用贝克曼梁测承载能力标准车的技术参数 **表 5-81**

标准轴载等级	BZZ-100	BZZ-60
后轴标准轴载 P（kN）	100±1	60±1
一侧双轮荷载（kN）	50±0.5	30±0.5
轮胎充气压力（MPa）	0.70±0.05	0.50±0.05
单轮传压面当量圆直径（cm）	21.30±0.5	19.50±0.5
轮胎宽度	应满足自由插入弯沉仪测头的测试要求	

(2) 检查并保持测定用标准车的车况及刹车性能良好，轮胎内胎符合规定充气压力。

(3) 向汽车车厢中装载铁块或骨料，并用地中衡称量后轴总质量，使它符合要求的轴重规定，汽车行驶及测定过程中，轴重不得变化。

(4) 测定轮胎接地面积：在平整光滑的硬质路面上用千斤顶将汽车后轴顶起，在轮胎下方铺一张新的复写纸和一张方格纸，轻轻落下千斤顶，即在方格纸上轮胎印痕，用求积仪或数方格的方法测算轮胎接地面积，精确至 $0.1cm^2$。

(5) 检查弯沉仪百分表测量灵敏情况。

(6) 当在沥青路面上测定时，用路表温度计测定试验时气温及路表温度（一天中气温不断变化，应随时测定），并通过气象台了解前 5d 的平均气温（日最高气温与最低气温的平均值）。

(7) 记录沥青路面修建或改建时材料、结构、厚度、施工及养护等情况。

2. 路基路面回弹弯沉测试步骤

(1) 在测试路段布置测点，其距离随测试需要而定。测点应在路面行车车道的轮迹带上，并用白油漆或粉笔划上标记。

(2) 将试验车后轮隙对准测点后约 3～5cm 处的位置上。

(3) 将弯沉仪插入汽车后轮之间的缝隙处，与汽车方向一致，梁臂不得碰到轮胎，弯沉仪测头置于测点上（轮隙中心前方 3～5cm 处），并安装百分表于弯沉仪的测定杆上，百分表调零，用手指轻轻叩打弯沉仪，检查百分表是否稳定回零。

弯沉仪可以是单侧测定，也可以是双侧同时测定。

(4) 测定者吹哨发令指挥汽车缓缓前进，百分表随路面变形的增加而持续向前转动。当表针转动到最大值时，迅速读取一初读数 L_1。汽车仍在继续前进，表针反向回转，待汽车驶出弯沉影响半径（约 3m 以上）后，吹口哨或挥动指挥红旗，汽车停止。待表针回转稳定后，再次读取终读数 L_2。汽车前进的速度宜为 5km/h 左右。

3. 弯沉仪的支点变形修正

(1) 当采用长度为 3.6m 的弯沉仪对半刚性基层沥青路面，水泥混凝土路面等进行弯沉测定时，有可能引起弯沉仪支座处变形，因此，测定时应检验支点有无变形。此时应用另一台检验用的弯沉仪安装在测定用弯沉仪的后方，其测点架于测定用弯沉仪的支点旁。当汽车开出时,同时测定两台弯沉仪的弯沉读数,如检验用弯沉仪百分表有读数,即应该记录并进行支点变形修正,当在同一结构层上测定时,可在不同位置测定 5 次,求取平均值,以后每次测定时以此作为修正值。支点变形修正的原理如图 5-6 所示。

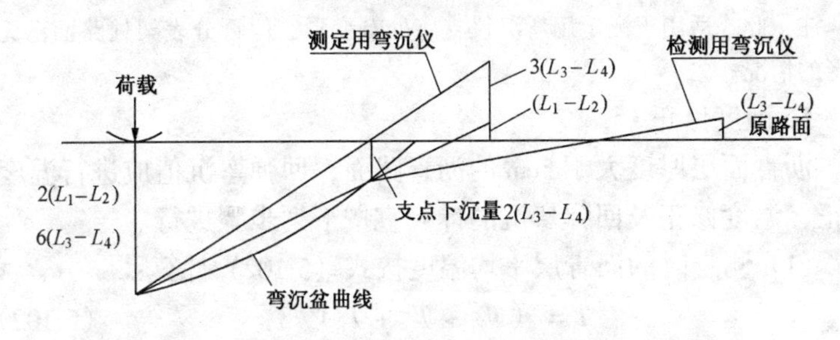

图 5-6　弯沉仪支点变形修正原理

(2) 当采用长度为 5.4m 的弯沉仪测时,可不进行支点变形修正。

4. 结果计算

(1) 路面测点的回弹弯沉值依式(5-100)计算。

$$L_T = (L_1 - L_2) \times 2 \tag{5-100}$$

式中　L_T——在路面温度 T 时的回弹弯沉值(0.01mm);

L_1——车轮中心临近弯沉仪测头时百分表的最大读数(0.01mm);

L_2——汽车驶出弯沉半径后百分表的终读数(0.01mm);

(2) 当需要进行弯沉仪支点变形修正时,路面测点的回弹弯沉值按式(5-101)计算。

$$L_T = (L_1 - L_2) \times 2 + (L_3 - L_4) \times 6 \tag{5-101}$$

式中　L_1——车轮中心临近弯沉仪测头时测定用弯沉仪的最大读数(0.01mm);

L_2——汽车驶出弯沉影响半径后测定用弯沉仪的最终读数(0.01mm);

L_3——车轮中心临近弯沉仪测头时检验用弯沉仪的最大读数（0.01mm）；

L_4——汽车驶出弯沉影响半径后检验用弯沉仪的终读数（0.01mm）；

注：此式适用于测定用弯沉仪支座处有变形，但百分表架处路面已无变形的情况。

5．温度修正

沥青面层厚度大于5cm的沥青路面，回弹弯沉值应进行温度修正，温度修正及回弹弯沉的计算宜按下列步骤进行。

（1）测定时的沥青层平均温度按式（5-102）计算：

$$T=(T_{25}+T_m+T_e)/3 \tag{5-102}$$

式中 T——测定时沥青层平均温度（℃）；

T_{25}——根据 T_0 由图5-7决定的路表下25mm处的温度（℃）；

T_m——根据 T_0 由图5-7决定的沥青层中间深度的温度（℃）；

T_e——根据 T_0 由图5-7决定的沥青面层底面处的温度（℃）。

图5-7中 T_0 为测定前5d日平均气温的平均值之和（℃），

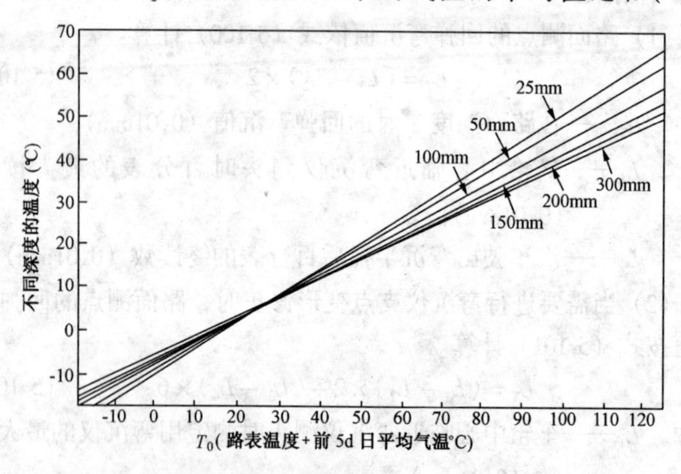

注：线上的数字为从路表往下的不同深度（mm）。

图5-7　沥青层平均温度的决定

日平均气温为日最高气温与最低气温的平均值。

(2) 采用不同基层的沥青路面弯沉值的温度修正系数 K，根据沥青层平均温度 T 及沥青层厚度，分别由图 5-8、图 5-9 求取。

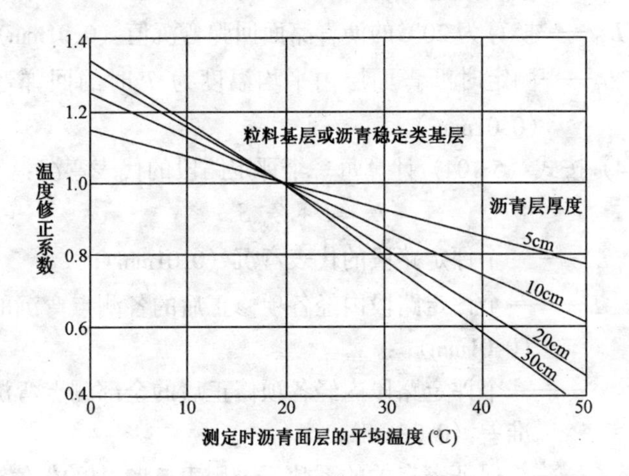

图 5-8　路面弯沉温度修正系数曲线

(适用于粒料基层及沥青稳定基层)

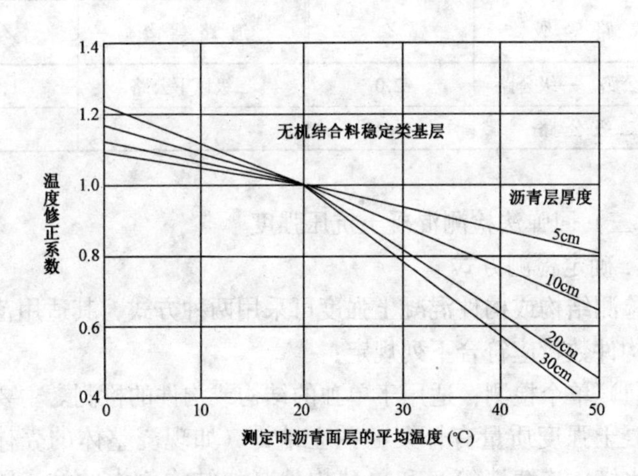

图 5-9　路面弯沉温度修正系数曲线 (适用于无机结合料稳定的半刚性基层)

（3）沥青路面回弹弯沉按式（5-103）计算。

$$L_{20} = L_{T} \times K \tag{5-103}$$

式中 K——温度修正系数；

L_{20}——换算为20℃的沥青路面回弹弯沉值（0.01mm）；

L_{T}——测定时沥青面层内平均温度为 T 时的回弹弯沉值（0.01mm ）。

（4）按式（5-104）计算每一个评定路段的代表弯沉：

$$L_{r} = L + Z_{a} S \tag{5-104}$$

式中 L_{r}——一个评定路段的代表弯沉（0.01mm）；

L——一个评定路段内经各项修正后的各测点弯沉的平均（0.01mm）；

S——一个评定路段内经各项修正后的全部测点弯沉的标准差（0.01mm）；

Z_{a}——与保证率有关的系数，采用表5-82中的数值。

保证系数 Z_{a} 的取值 **表5-82**

道路等级	Z_{a}	道路等级	Z_{a}
高速公路、一级公路	2.0	二级以下公路	1.5
二级公路	1.645		

（三）回弹法检测混凝土抗压强度

1.确定检测方式

检测结构或构件混凝土强度可采用两种方式，其适用范围及检测构件数量应符合下列规定：

（1）单个检测：适用于单独的结构或构件的检测。主要用于对混凝土强度质量有怀疑的独立结构（如现浇整体的壳体、烟囱、水塔、连续墙等）和单独构件（如结构物中的柱、梁、屋架、板、基础等）的混凝土强度进行检测推定。

（2）按批抽样检测：适用于混凝土强度等级相同、原材料、配合比、成型工艺、养护条件基本一致且龄期相近的同种类构件的检测。随机抽取的数量不少于同批构件总数的30%，且不少于10件。

确定单个检测或按批抽样检测的方法，主要应根据检测要求及被检测结构或构件情况而定。当施工正常且构件较多，因未预留试块使得建筑物资料不齐全，或对预留试块强度有怀疑时，常采用抽样检测的方法对整批混凝土强度进行推定。需要强调指出的是，抽样检测推定混强度只能适用于混凝土强度等级相同，原材料、配合比、成型工艺、养护条件基本一致且龄期相近的同种类构件的检测。检测的试件应随机抽取不少于同类构件总数的30%。具体抽样的方法和数量，一般由建设单位、监理单位和检测单位等多个单位共同协商确定。

对因施工异常或有明显的质量问题的某些构件，宜采用逐个构件单独检测推定的方法。

2. 检测方法

(1) 测区的布置及选择

所谓“测区”系指每一试样的检测区域。每一测区相当于该试样同条件混凝土的一组试块。规程规定：

1) 对每一结构或构件，其测区数不少于10个，对某一方向尺寸小于4.5m，且另一方向尺寸小于0.3m的构件，其测区数量可适当减少，但不应少于5个；

2) 相邻两测区的间距应控制在2m以内，测区离构件端部或施工缝的距离不宜大于0.5m，且不宜小于0.2m；

3) 测区宜选在使回弹仪处于水平方向检测混凝土浇筑侧面。当不能满足这一要求时，可使回弹仪处于非水平方向检测混凝土浇筑侧面、表面或底面；

4) 测区宜选在构件的两个对称可测面上，也可选在一个可测面上，且应均匀分布。在构件的重要部位及薄弱部位必须布置测区，并应避开预埋件；

5) 测区的面积宜控制在$0.04m^2$；

6）检测面应为混凝土表面，应避开蜂窝、麻面，并应清洁、平整，不应有装饰层、疏松层、浮浆、油垢，否则要将装饰层、疏松层和杂物清除，并将残留的粉末和碎屑清理干净；

7）对于弹击时会产生颤动的薄壁、小型构件应进行固定。

(2) 回弹值的测量

在选取结构或构件的测区后，先测量回弹值。检测时回弹仪的轴线应始终与检测面相垂直，并不得打在气孔上。每一测区的两个检测面用回弹仪各弹击8点，如一个测区只有一个测面，如一个测区只有一个测面，也可在此测面上测得16个回弹值。同一测点只允许弹击一次，测点宜在检测面范围内均匀分布，每一测点的回弹值读数精确至1。相邻两测点的间距不得小于20mm，测点距构件边缘或外露钢筋、铁件的间距不得小于30mm。

一般情况下，应使回弹仪于水平方向检测结构或构件混凝土浇筑侧面，即贴近模板的一面。如测试中不能满足这一要求时，可按非水平向检测，也可检测混凝土的浇筑顶面或底面。

(3) 碳化深度值的测量

回弹值测量完毕后，应选择不少于构件的30%且有代表性的测区测量碳化深度值。测量碳化深度值时，用锤子和钎子在测区表面形成一直径约为15mm的孔洞，其深度大于6mm。然后除净洞中的碎屑，不得用水冲洗孔洞。立即用1%的酚酞酒精滴在混凝土孔洞内壁的边缘处，再测量已碳化与未碳化混凝土交界面到混凝土表面的垂直距离多次（该距离即为该测位的碳化深度值），每次读数精确至0.5mm。

对于没有测量碳化深度值的测区，选择其相邻测区的碳化深度值作为该测区的碳化深度值。

3. 检测数据处理

(1) 平均回弹值的计算

计算测区平均回弹值，应从该测区的16个回弹值中剔除3个最大值和3个最小值，余下的10个回弹值计算平均值，精确至0.1。

(2) 非水平方向检测混凝土浇筑侧面时，应按式（5-105）进行修正：

$$R_m = R_{m\alpha} + R_{a\alpha} \quad (5\text{-}105)$$

式中　R_m——水平方向检测测区的平均回弹值，精确至0.1；

$R_{m\alpha}$——非水平方向检测测区的平均回弹值，精确至0.1；

$R_{a\alpha}$——非水平方向检测测区的回弹值修正值，见表5-83。

非水平方向检测测区的回弹值修正值　　表5-83

$R_{m\alpha}$	检测角度							
	向上				向下			
	90°	60°	45°	30°	90°	60°	45°	30°
20	−6.0	−5.0	−4.0	−3.0	+2.5	+3.0	+3.5	+4.0
22	−5.8	−4.8	−3.9	−2.9	+2.4	+2.9	+3.4	+3.9
24	−5.6	−4.6	−3.8	−2.8	+2.3	+2.8	+3.3	+3.8
26	−5.4	−4.4	−3.7	−2.7	+2.2	+2.7	+3.2	+3.7
28	−5.2	−4.2	−3.6	−2.6	+2.1	+2.6	+3.1	+3.6
30	−5.0	−4.0	−3.5	−2.5	+2.0	+2.5	+3.0	+3.5
32	−4.8	−3.9	−3.4	−2.4	+1.9	+2.4	+2.9	+3.4
34	−4.6	−3.8	−3.3	−2.3	+1.8	+2.3	+2.8	+3.3
36	−4.4	−3.7	−3.2	−2.2	+1.7	+2.2	+2.7	+3.2
38	−4.2	−3.6	−3.1	−2.1	+1.6	+2.1	+2.6	+3.1
40	−4.0	−3.5	−3.0	−2.0	+1.5	+2.0	+2.5	+3.0
42	−3.9	−3.4	−2.9	−1.9	+1.4	+1.9	+2.4	+2.9
44	−3.8	−3.3	−2.8	−1.8	+1.3	+1.8	+2.3	+2.8
46	−3.7	−3.2	−2.7	−1.7	+1.2	+1.7	+2.2	+2.7
48	−3.6	−3.1	−2.6	−1.6	+1.1	+1.6	+2.1	+2.6
50	−3.5	−3.0	−2.5	−1.5	+1.0	+1.5	+2.0	+2.5

注：$R_{m\alpha}$小于20或大于50时，分别按20或50查表；表中未列出的修正值可用内插法求的。

(3) 水平方向检测混凝土浇筑顶面或底面时，应按式（5-106）或（5-107）进行修正。

$$R_m = R_m^t + R_a^t \quad (5\text{-}106)$$

$$R_m = R_m^b + R_a^b \quad (5\text{-}107)$$

式中　R_m^b、R_m^t——水平方向检测混凝土浇筑表面、底面时，测区的平均回弹值，精确至0.1；

R_a^t、R_a^b——混凝土浇筑表面、底面回弹值修正值，见表5-84。

混凝土浇筑表面、底面回弹值修正值 **表5-84**

R_m^b或R_m^t	表面修正值（R_a^t）	底面修正值（R_a^b）	R_m^b或R_m^t	表面修正值（R_a^t）	底面修正值（R_a^b）
20	2.5	3.0	36	0.9	1.4
22	2.3	2.8	38	0.7	1.2
24	2.1	2.6	40	0.5	1.0
26	1.9	2.4	42	0.3	0.8
28	1.7	2.2	44	0.1	0.6
30	1.5	2.0	46		0.4
32	1.3	1.8	48		0.2
34	1.1	1.6	50		

（4）当检测回弹仪为非水平方向且测试面为非混凝土的浇筑侧面时，应先对回弹值进行角度修正，再进行浇筑面修正。

4．混凝土强度的计算

（1）根据每一测区修正后的回弹平均值 R_m 及碳化深度平均值 d_m，可从《回弹检测混凝土抗压强度技术规程》（JGJ/T23—2001）附录A查得测区混凝土强度换算值。当强度高于60MPa或低于10MPa时，表中查不出，可记为 $f_{cu,e}>60MPa$ 或 $f_{cu,e}<10MPa$。

（2）采用回弹法测混凝土强度时，不仅要给出强度推定值，对于测区数不少于10个的结构要给出测区强度平均值、标准差和最小测区强度值；测区数小于10个的结构或构件要给出测区强度平均值、最小测区强度值。结构或构件混凝土的强度平均值和标准差可通过各测区的混凝土强度换算值计算得出。

（3）结构或构件混凝土强度推定方法：

当该结构或构件测区数少于10个时，按照式（5-108）进行推断。

$$f_{cu,e}=f_{cu,min}^c \tag{5-108}$$

当结构或构件的测区强度值中出现小于10MPa时，记$f_{cu,e}<10.0MPa$。

当该结构或构件测区数不少于10个或按批量检测时，应按公式（5-109）进行计算。

$$f_{cu,e}=m_{fcu}-1.645S_{fcu} \tag{5-109}$$

式中 $f_{cu,e}$——结构或构件混凝土强度推定值(MPa)，精确至0.1 MPa；

$f^{c}_{cu,min}$——结构或构件中最小的测区混凝土强度换算值(MPa)，精确至0.1 MPa；

m_{fcu}——结构或构件测区混凝土强度平均值（MPa），精确至0.1MPa；

S_{fcu}——结构或构件测区混凝土强度换算值的标准差(MPa)，精确至0.01MPa。

(4) 对于按批抽样检测的构件，当该构件混凝土强度标准差出现下列情况之一时，则该构件应全部按单个构件检测：

当该结构件混凝土强度平均值小于25MPa时，$S_{fcu}>4.5MPa$；

当该批构件混凝土强度值平均值不小于25MPa时，$S_{fcu}>5.5MPa$。

当测区间的标准差过大时，说明已有某些偶然因素在起作用，这些测区不能认为是属于同一母体，不能按批进行推定。上述两条规定了按批检测时的离散性界限，超过此界限则应逐个检测，以找出确切的问题部位和原因。

第二十一节 混凝土路面砖

一、依据标准

《混凝土路面砖》(JC/T446—2000)。

二、组批和取样规定

（一）组批规定

每批路面砖应为同一类别、同一规格、同一等级，每 20000 块为一批，不足 20000 块亦按一批计；超过 20000 块，批量由供需双方商定。

（二）取样数量

外观质量检验的试件，抽样前预先确定好抽样方法，按随机抽样法从每批产品中抽取 50 块路面砖。

规格尺寸检验的试件，从外观检验合格的试件中按随机抽样法抽取 10 块路面砖。

物理、力学性能检验的试件，按随机抽样法从外观质量和尺寸检验合格的试件中抽取 30 块路面砖。

三、主要检验项目及技术指标

（一）主要检测项目为外观质量、尺寸偏差、强度和吸水率。

（二）技术指标

1. 外观质量

路面砖的外观质量应符合表 5-85 要求。

路面砖的外观质量 **表 5-85**

<table>
<tr><th colspan="2">项　目</th><th>优等品</th><th>一等品</th><th>合格品</th></tr>
<tr><td colspan="2">正面粘皮及缺损的最大投影尺寸（mm）≤</td><td>0</td><td>5</td><td>10</td></tr>
<tr><td colspan="2">缺棱掉角的最大投影尺寸（mm）≤</td><td>0</td><td>10</td><td>20</td></tr>
<tr><td rowspan="2">裂纹</td><td>非贯穿裂纹长度最大投影尺寸（mm）≤</td><td>0</td><td>10</td><td>20</td></tr>
<tr><td>贯穿裂纹</td><td colspan="3">不允许</td></tr>
<tr><td colspan="2">分层</td><td colspan="3">不允许</td></tr>
<tr><td colspan="2">色差、杂色</td><td colspan="3">不明显</td></tr>
</table>

2. 尺寸偏差

路面砖的尺寸偏差应符合表5-86的要求。

路面砖的尺寸偏差（mm）　　表5-86

项　目	优等品	一等品	合格品
长度、宽度	±2.0	±2.0	±2.0
厚　度	±2.0	±3.0	±4.0
厚度差	≤2.0	≤3.0	≤3.0
平整度	≤1.0	≤2.0	≤2.0
垂直度	≤1.0	≤2.0	≤2.0

3. 力学性能

路面砖的力学性能应符合表（5-87）要求。

路面砖的力学性能（MPa）　　表5-87

边长/厚度	<5		≥5		
抗压强度等级	平均值≥	单块最小值≥	抗折强度等级	平均值≥	单块最小值≥
Cc30	30.0	25.0	Cf3.5	3.50	3.00
Cc35	35.0	30.0	Cf4.0	4.00	3.20
Cc40	40.0	35.0	Cf5.0	5.00	4.20
Cc50	50.0	42.0	Cf6.0	6.00	5.00
Cc60	60.0	50.0	—	—	—

4. 物理性能

路面砖物理性能须符合表5-88的规定。

路面砖的物理性能　　表5-88

质量等级	吸水率（%）
优等品	≤5.0
一等品	≤6.5
合格品	≤8.0

四、试验方法

(一) 外观质量

1. 量具

砖用卡尺或精度不低于0.5mm其他量具。

2. 测量方法

(1) 正面粘皮及缺损

测量正面粘皮及缺损处对应路面砖边的长、宽两个投影尺寸，精确至0.5mm。

(2) 缺棱掉角

测量缺棱、掉角处对应路面砖棱边的长、宽、厚三个投影尺寸，精确至0.5mm。

(3) 裂纹

测量裂纹所在面上的最大投影长度；若裂纹由一个面延伸至其他面时，测量其延伸的投影长度之和，精确至0.5mm。

(4) 分层

对路面砖的侧面进行目测检验。

(5) 色差、杂色

在平坦地面上，将路面砖铺成不小于$1m^2$的正方形，在自然光照或功率不低于40W日光灯下，距1.5m处用肉眼观察检验。

(二) 规格尺寸

1. 长度、宽度、厚度和厚度差

测量矩形路面砖长度和宽度时，分别测量路面砖正面离角部10mm处对应平行侧面，分别测量两个长度值和宽度值；联锁型路面砖测量由供货方提供路面砖标识尺寸的长度、宽度。厚度分别测量路面砖宽度中间距边缘10mm处。两厚度测量值之差为厚度差。测量值分别精确至0.5mm。

2. 平整度

砖用卡尺支角任意放置在路面砖正面四周边缘部位，滑动砖用卡尺中间测量尺，测量路面砖表面上最大凸凹处。精确至

0.5mm。

3. 垂直度

使砖用卡尺尺身紧贴路面砖的正面，一个支角顶住砖底的棱边，从尺身上读出路面砖对应棱边的偏离数值作为垂直度偏差，每一棱边测量两次，记录最大值，精确至0.5mm。

(三) 力学性能

1. 抗压强度

(1) 试验设备

垫压板要求：

采用厚度不小于30mm、硬度应大于HB200、平整光滑的钢质垫压板的长度和宽度根据路面砖公称厚度按表5-89选取。

路面砖抗压强度试验垫压板尺寸 **表5-89**

试件公称厚度	垫压板	
	长度	宽度
≤60	120	60
80	160	80
100	200	100
≥120	240	120

试件厚度不小于0.9倍有效使用面边长时，可以不用垫压板；试件厚度大于等于100mm，使用200mm×100mm垫压板大于试件受压面时，可选择160mm×80mm垫压板。

(2) 试件

1) 试件数量为5块。

2) 试件的两个受压面应平行、平整。否则应对受压面磨平或用水泥净浆抹面找平处理，找平层厚度小于等于5mm。

(3) 试验步骤

清除试件表面的粘渣，毛刺，放入室温水中浸泡24h；

将试件从水中取出用拧干的湿毛巾擦去表面附着水，放置在试验机下压板的中心位置，然后将垫压板放在试件的上表面中心对称位置；

启动试验机，匀速连续地加荷，加荷速度为0.4～0.6MPa/s，直至试件破坏，记录破坏荷载（P）。

(4) 结果计算与评定

抗压强度按式（5-110）计算。

$$R_c = \frac{P}{A} \tag{5-110}$$

式中 R_c——抗压强度（MPa）；

P——破坏荷载（N）；

A——试件上垫压板面积，或试件受压面积（mm^2）。

结果以5块试件抗压强度的平均值和单块最小值表示，计算精确至0.1 MPa。

2. 抗折强度

(1) 试验设备

1) 试验机

试验机可采用抗折试验机、万能试验机或带有抗折试验架的压力试验机。试验机的示值相对误差应不大于±1%。试件的预期破坏荷载值不小于试验机全量程的20%，也不大于全量程的80%。

2) 支座及加压棒

支座的两个支承棒和加压棒的直径为40mm，材料为钢质，其中一个支撑棒应能滚动并可自由调整水平。

(2) 试件

试件数量为5块。

(3) 试验步骤

清除试件表面的粘渣，毛刺，放入室温水中浸泡24h；

将试件从水中取出用拧干的湿毛巾擦去表面附着水，顺着长度方向外露表面朝上置于支座上。抗折支距为试件厚度的4倍。在支座及加压棒与试件接触面之间应垫有3～5mm厚的胶合板垫层；

启动试验机，匀速连续地加荷，加荷速度为0.04～0.06MPa/

s，直至试件破坏，记录破坏荷载（P）。

(4) 结果计算与评定

抗折强度按式（5-111）计算。

$$R_f = \frac{3Pl}{2bh^2} \tag{5-111}$$

式中 R_f——抗折强度（MPa）；

P——破坏荷载（N）；

l——两支座间的中心距离（mm）；

b——试件宽度（mm）；

h——试件厚度（mm）。

结果以5块试件抗折强度的平均值和单块最小值表示，计算精确至0.01。

（四）物理性能-吸水率

1. 试验步骤

将试件置于温度为105±5℃的烘箱内烘干，每间隔4h将试件取出分别称量一次，直至两次称量差小于0.1%时，视为试件干燥质量（m_0）。

将试件冷却至室温后，侧向直立在水槽中，注入温度20±10℃的洁净水中，将试件浸没水中，使水面高出试件约20mm。

浸水$24^{-0.25}_{0}$h，将试件从水中取出，用拧干的湿毛巾擦去表面附着水，分别称量一次，直至前后两次称量差小于0.1%时，为试件吸水24h质量（m_1）。

2. 结果计算与评定

吸水率按式（5-112）计算：

$$\omega = \frac{m_1 - m_0}{m_0} \times 100 \tag{5-112}$$

式中 ω——吸水率（%）；

m_1——试件吸水24h的质量（g）；

m_0——试件干燥的质量（g）。

结果以5块试件的平均值表示，计算精确至0.1%。

参 考 文 献

1. 国家质量技术监督局认证与实验室评审管理司编．计量认证/审查认可（验收）评审准则宣贯指南．北京：中国计量出版社，2005
2. 陈魁编著．应用概率统计．北京：清华大学出版社，2005